NEW WCDP 新文京開發出版股份有限公司

新世紀・新視野・新文京－精選教科書・考試用書・專業參考書

New Wun Ching Developmental Publishing Co., Ltd.

New Age · New Choice · The Best Selected Educational Publications — NEW WCDP

第四版

生物學

張振華 編著

FOURTH EDITION

BIOLOGY

四版序

PREFACE

本書參照教育部於民國107年頒布之「技術型高級中等學校課程綱要」編寫而成，提供學校一學期二～三學分之生物課程教學使用。

本科目之教學目標在經由探討生命現象的奧秘，了解生物學與生活的關係，培養現代國民應具備的基本生物學素養。

本書主要內容包含：生命現象；細胞的構造與生理；細胞分裂；生物的歧異；根、莖、葉的構造與功能；光合作用；植物的生殖；營養與消化；呼吸與排泄；循環與免疫；神經與運動；內分泌與生殖；基因與遺傳；人類的遺傳；生物技術及其應用；族群與群集；生態系；自然保育與永續經營等。

在教學設計上，本科目含實驗操作課程，部分單元可採生活探索方式上課，以提高學生學習興趣。另以學生既有的知識或經驗為基礎，列舉生活上的實例以引起學習動機。在各章最末均附有習題與討論，提供課後練習與回饋。

第四版加入「你知道嗎？」專欄，讓學生對生物學有整體且更深入的認識。本書之編寫雖力求謹慎，唯疏漏之處或恐難免，尚祈學術先進不吝指教，俾予修訂改進。

張振華 謹識

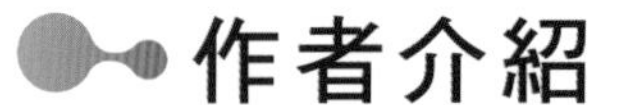

作者介紹

ABOUT THE AUTHOR

張 振 華

學 歷

國立清華大學生命科學研究所碩士

經 歷

康寧醫護暨管理專科學校圖書館主任

現 職

康寧大學通識教育中心專任講師

榮譽事蹟

1. 榮獲中華民國私立教育事業協會100年模範教師
2. 榮獲中華民國私立教育事業協會100年大勇獎
3. 榮獲102年海峽兩岸同課異構觀摩課優秀示範課獎

目錄

CONTENTS

生命的共同性與多樣性

植物的生理

目錄

CONTENTS

附 錄

生命的共同性與多樣性

本章大綱

1-1 生命的起源與生命的特性

1-2 細胞的構造與生理

1-3 細胞分裂

1-4 生物的多樣性

探討活動1：細胞分裂的觀察

1-1 生命的起源與生命的特性

一、有機演化

目前科學界認為早期的宇宙中所有物質都被壓縮成一團，後來約在150億年前，宇宙產生一場史無前例的大爆炸，稱為**大霹靂(big bang)**，所有的物質開始向外擴張，形成目前充斥許多星體的宇宙，其中地球約在46億年前形成。

初形成的地球一片火熱，地球表面充滿岩漿（圖1-1），火山活動產生的原始大氣包含了水蒸氣、一氧化碳、二氧化碳、氮氣、甲烷、氨氣、硫化氫、氫氣等氣體，但是其中並無氧氣。經過長時間的地表冷卻之後，巨大雷雨傾盆而下，漸漸形成了海洋，生命演化的契機也隨之來到。

原始的地球大氣成分在輻射線、熱、閃電等提供能量下引起化學反應，生成一些有機小分子如胺基酸、單醣、核苷酸等。這些簡單的有機物在海洋中，依然受到輻射線、熱、閃電的激發，進而產生較大的有機分子如蛋白質、醣類、核酸等。後來有機大分子漸漸聚在一起，外圍包被著脂質薄膜，形成類似水滴狀的構造物，並發展出複製核酸分子的機制，於是一個最早的原始細胞就出現，生命從此誕生（圖1-2）。

圖1-1　早期的地球表面充滿了岩漿與高熱

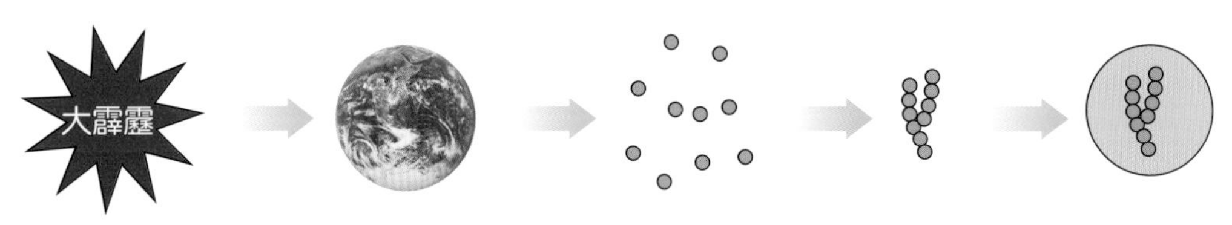

圖1-2　生命起源的假設

有機演化(organic evolution)指的是上述由無機物發展成有機物，再由有機物演變成生命體的過程。整個有機演化過程歷經了漫長的時間，其理論的科學根據如米勒(Stanley Miller, 1930~2007)在1953年提出的實驗顯示，早期地球的環境確實可以使得無機物轉變成有機物（圖1-3）。米勒的實驗是將水蒸氣、甲烷、氨、氫氣和一氧化碳（類似原始大氣的組成）放在一個插有電極且密閉的容器中，並藉由電擊火花以模擬閃電，一個星期後，分析容器中的物質，發現了胺基酸在內的有機物。後來有些科學家採用與米勒有些不同的氣體混合物做實驗，也得到類似的結果，可以從無機物形成有機物。

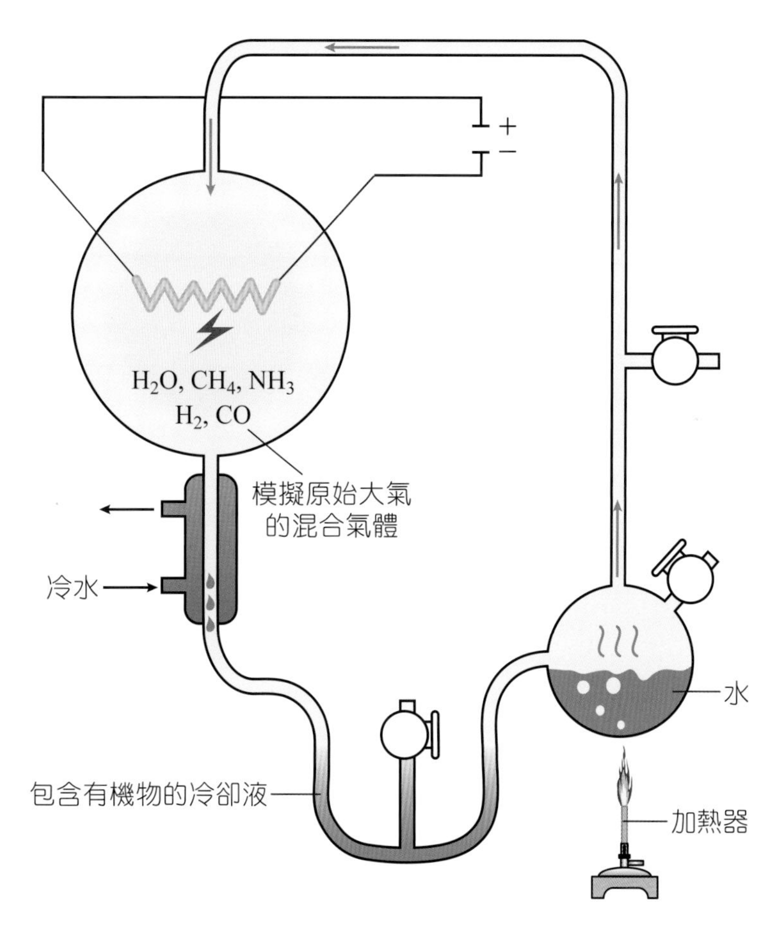

圖1-3　米勒的實驗裝置

由於原始大氣並無氧氣，因此原始細胞被認為是**異營生物(heterotroph)**，不能行光合作用直接以無機物合成有機物，必須攝取現成的有機物來維持生命，後來部分異營生物演化成能行光合作用製造養分的**自營生物(autotroph)**，大氣中才開始出現氧氣。第一個自營生物應是出現在35億年前的藍綠藻（圖1-4），這個證據來自於科學家在澳大利亞發現的藍綠藻化石。後來能捕捉自營生物的異營生物也隨著演化出來。

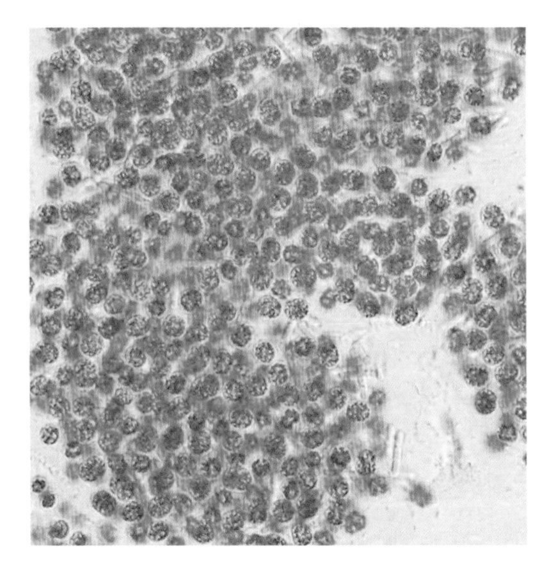

圖1-4　藍綠藻

二、生命現象

地球因為有了各式各樣的生物才呈現出多采多姿的面貌，然而在很多狀況下，有生命與無生命之間的區別，不是那麼顯而易見。生物具有哪些特徵？因為哪些特徵我們才可以說一個物體是有生命的呢？所有的生物都具有下列共同的六大特徵：**特殊的架構(specific organization)**、**新陳代謝(metabolism)**、**生長(growth)**、**感應(irritability)**、**運動(movement)**、**繁殖(reproduction)**等。

（一）特殊的架構

生命最基本的單位稱為**細胞(cell)**。任何生物雖然外貌不同，但是生物一定是由細胞所組成的。有些生物是由單一細胞組成的，稱為單細胞生物，例如細菌、酵母菌、草履蟲等。除此之外，其他的生物是由多細胞組成的，稱為多細胞生物，例如人類。

多細胞生物當中的高等動物由細胞組成**組織(tissue)**，不同的組織又組成**器官(organ)**，不同的器官又組成**系統(system)**，最後形成生物體。例如人體總共約有六十兆個細胞，功能相同的細胞集合起來就成為「組織」，例如肌肉組織；幾個功能相同的組織集合起來就成為「器官」，例如胃；幾個功能相同的器官組合起來就成為了「系統」，例如：食道、胃、小腸、大腸、肝臟、膽囊、胰臟等器官集合起來，稱之為消化系統，負責消化吃進人體的食物。高等動物的特殊架構層次如下：

細胞 → 組織 → 器官 → 系統 → 生物體

（二）新陳代謝

新陳代謝是指生物體內所有物質和能量轉換的過程。新陳代謝包括**同化作用(anabolism)**和**異化作用(catabolism)**。同化作用又稱為合成作用，這是一種形成有機物和儲存能量的過程，例如植物行光合作用，利用陽光將二氧化碳與水轉變為富含能量的葡萄糖；異化作用又稱為分解作用，這是一種分解有機物、釋放能量的過程，例如蛋白質、脂肪、醣類等大分子一步一步地分解，產生能量和較小的分子。

（三）生 長

生物會生長，造成生物體質量的增加，其原因有兩個，第一個是細胞本體的增大，第二個是細胞數目的增多。對單細胞生物而言，生長表示細胞本體的增大；但是對多細胞生物而言，生長除了表示細胞增大與細胞數目增多以外，通常還伴隨著發育，即許多相似的細胞逐漸分化成各種形態與構造不同的細胞，再構成不同的組織與器官，分別執行不同的功能。圖1-5為植物的生長。

圖1-5　植物的生長

（四）感 應

感應是指生物對外界的刺激會產生反應的現象。例如：眼睛對光的刺激會產生瞳孔大小的變化。一般引起生物反應的刺激有光、溫度、壓力、聲音與化學物質等。大部分植物的感應不是很明顯，但是也有如向光性、向地性等感應現象。動物則演化出複雜的神經系統與感覺器官，負責感應、辨識並處理外界的刺激。

（五）運動

高等動物的運動靠肌肉作用，較低等的生物如細菌、原生動物等，則靠**纖毛(cilia)**或**鞭毛(flagella)**來運動。植物的運動比較不顯著，但是植物一樣有運動的特徵，例如：含羞草葉片的觸發運動、向日葵的向日運動與豆科植物葉片的睡眠運動等（圖1-6）。

（六）繁殖

生命來自於生殖，所有的生物會繁殖後代，繁殖使得生物體有限的生命得以傳承，原有之種族特性也因此可以維持下去。不同的生物繁殖方式可能有所不同，由細菌的分裂生殖到高等生物的有性生殖，卵與精子結合成為受精卵，受精卵再分化發育為個體（圖1-7）。

(a)老鷹為追捕獵物而運動

碰觸

(b)含羞草葉片的觸發運動

圖1-6　生物的運動

(a)蒲公英藉由種子繁殖

(b)雞藉由卵生繁殖

(c)北極熊藉由胎生繁殖

圖1-7　不同生物的繁殖方式

1-2 細胞的構造與生理

17世紀英國科學家虎克(Robert Hooke, 1635~1703)運用顯微鏡觀察了礦物及小生物，並且將觀察結果彙集成書，於西元1665年出版《微物圖誌》。虎克在《微物圖誌》中提到觀察軟木塞薄片的結果，他發現軟木塞是由一個個排列整齊的方形小格所構成，並將這些方形小格的構造稱為**細胞(cell)**，不過虎克看到的方形小格其實是植物細胞的細胞壁。目前已知細胞是一種具有生命現象的最小獨立個體，亦是組成生物體的最基本單位。

一、細胞的形態、構造及功能

西元1838年植物學家許來登(Mathias Schteiden, 1804~1881)與西元1839年動物學家許旺(Theodore Schwann, 1810~1882)提出「細胞學說」：

1. 所有的生命體皆由細胞所組成。
2. 細胞是生命最基本的單位。
3. 新細胞只能由原已存在的細胞經分裂而產生。

原始細胞的組成極為簡單，但是現存生物的細胞在歷經35億年的演化後，已變得相當複雜，不同生物的細胞在大小、形狀、顏色與構造可能有所不同。例如目前所知最小的細胞是一種稱為黴漿菌(*Mycoplasma*)的細菌，只有在電子顯微鏡下才能觀察到。但是也有許多細胞僅憑肉眼即可得見，例如有一種生活在海中礁石上的單細胞生物–笠藻(**Acetabularia mediterranea**)可長到數公分的大小（圖1-8）。但是大多數的細胞大小約介於1~100微米之間。

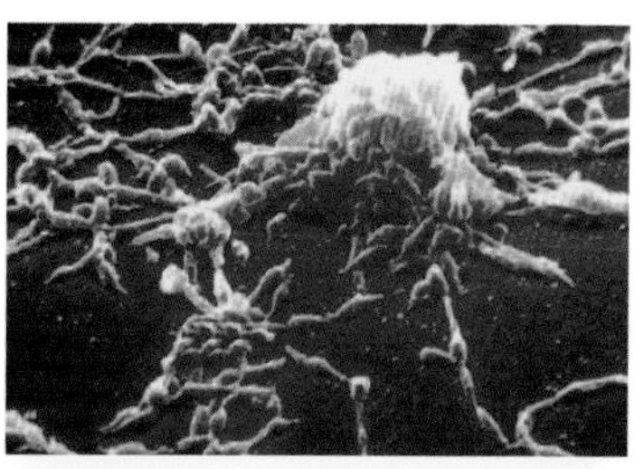

圖1-8　不同大小的細胞：上圖為黴漿菌，是已知最小的細胞，大小只有0.2微米；下圖為笠藻，大小可達2~3公分

不同的細胞雖然形態各異，但細胞的細胞膜、細胞質等基本結構是相同的（圖1-9）。

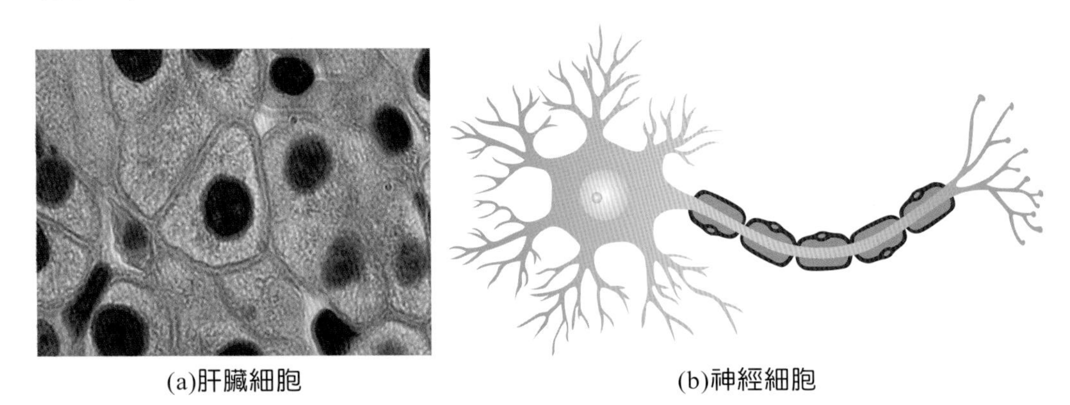

圖1-9　不同形態的細胞：左圖為肝臟細胞，右圖為神經細胞。兩種細胞雖然形態不同，但都擁有細胞膜、細胞核、細胞質等結構

根據細胞構造的複雜程度，細胞可分為兩大類，構造較簡單且缺乏細胞核的細胞稱為**原核細胞(prokaryotes)**，構造較複雜且具有細胞核的細胞稱為**真核細胞(eukaryotes)**。

原核細胞相較於真核細胞，不僅形態較小而且構造較簡單，不具備細胞核與其他有膜胞器，因此科學家推測最早出現的細胞是原核細胞（圖1-10）。現存於地球上的原核生物是細菌，它們的遺傳物質為裸露在細胞質裡的環狀DNA，稱為**類核體(nucleoid)**，原核細胞同時具有細胞壁的結構。

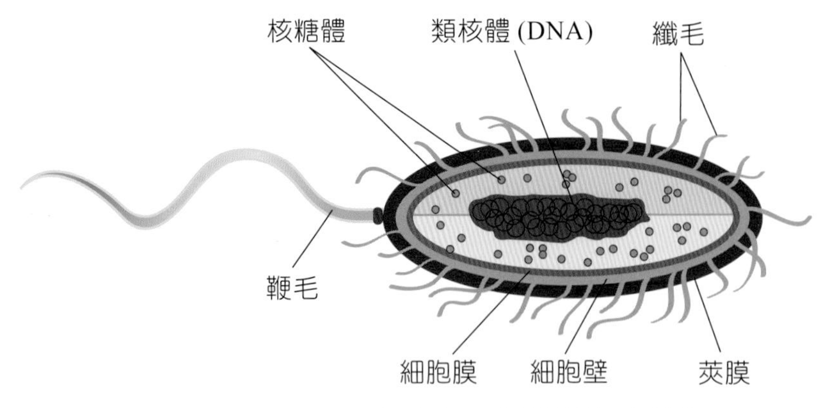

圖1-10　原核細胞模式圖

真核細胞具有細胞核與有膜胞器，其結構由外到內可略分如下：

細胞壁 → 細胞膜 → 細胞質 → 細胞核
（植物、真菌）

（一）細胞壁

植物、真菌與原核生物的細胞都具有**細胞壁(cell wall)**，細胞壁主要的功能是保護細胞。植物細胞壁的的成分是纖維素（圖1-11），真菌細胞壁的成分是幾丁質，原核生物的細胞壁成分是肽聚醣。

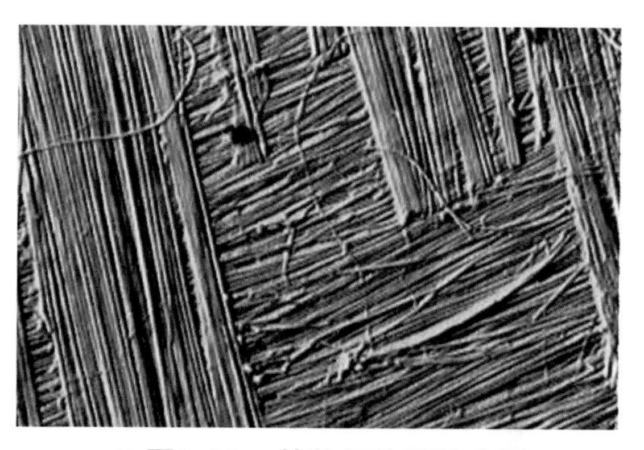

圖1-11　植物細胞壁放大圖

（二）細胞膜

細胞膜(plasma membrane)是細胞的屏障，可有效阻絕離子、帶電荷的分子與中性大分子的自由滲透。由於細胞膜的隔離，使得細胞內各種反應得以獨立於外在的環境而運作。細胞膜由具流動性的雙層**磷脂質(phospholipid)**所構成，表面鑲嵌多種蛋白質和醣類，此種結構被稱為**流體鑲嵌模型(fluid mosaic model)**（圖1-12），這些結構使得細胞膜具有選擇性通透的功能，也就是細胞膜允許特定分子進出，但卻禁止其他分子通過，細胞因此得以調節細胞內部的物質成分。

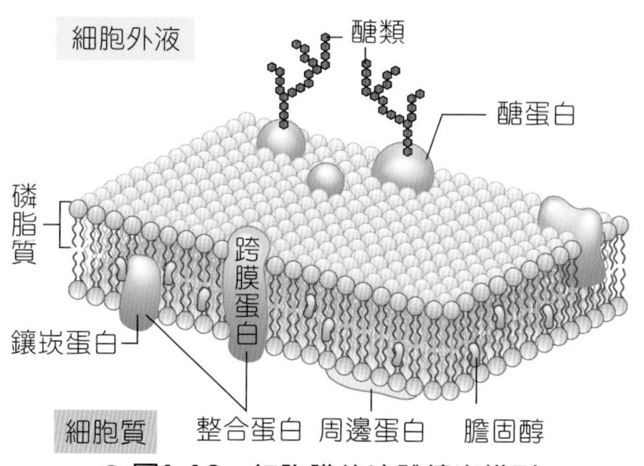

圖1-12　細胞膜的流體鑲嵌模型

（三）細胞核

細胞核(nucleus)存有遺傳訊息，可說是細胞的控制中心。細胞核由雙層膜組成的核膜所包圍，核膜上有核孔可允許某些物質進出細胞核。在核膜之內為核質，包含膠態基質與染色質，染色質由蛋白質與**去氧核糖核酸(deoxyribonucleic acid, DNA)**所組成，遺傳訊息就藏在DNA之中。在核質之內為核仁，由蛋白質與**核糖核酸(ribonucleic acid, RNA)**所組成，可合成核糖體的次單位（圖1-13）。

（四）細胞質

細胞質(cytoplasm)為膠態的原生質，其內含有顆粒狀或膜狀的各式胞器，例如內質網、核糖體、高基氏體、溶小體、粒線體、葉綠體等胞器（圖1-14、1-15）。這些胞器的構造和功能各不相同。

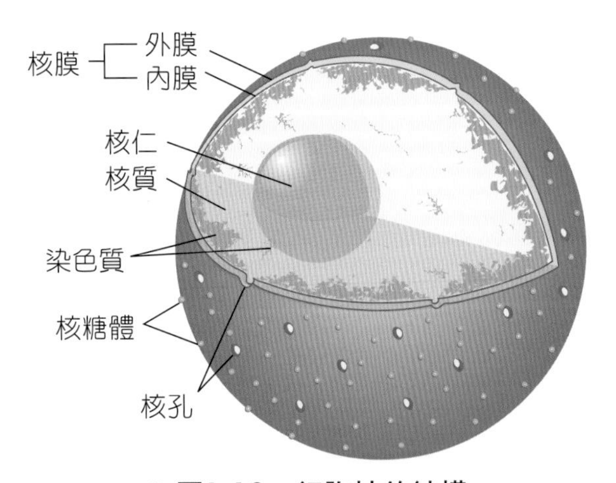

圖1-13　細胞核的結構

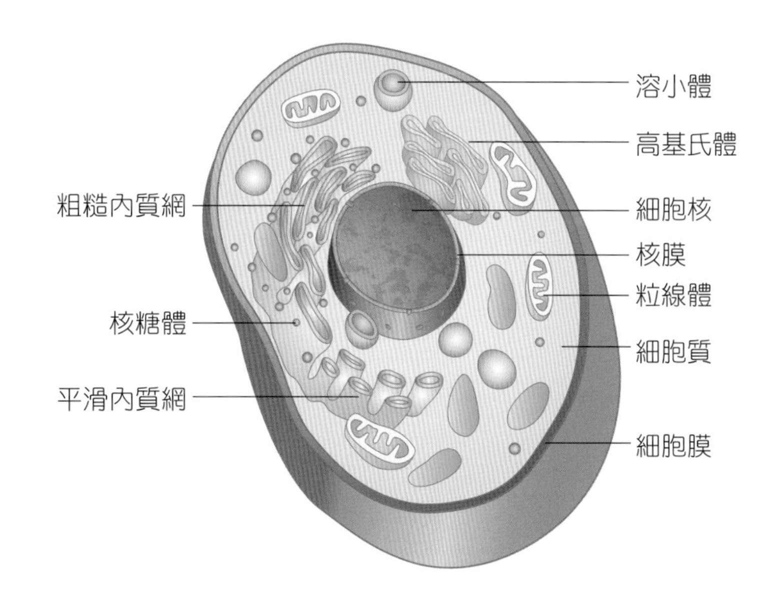

圖1-14　動物細胞模式圖

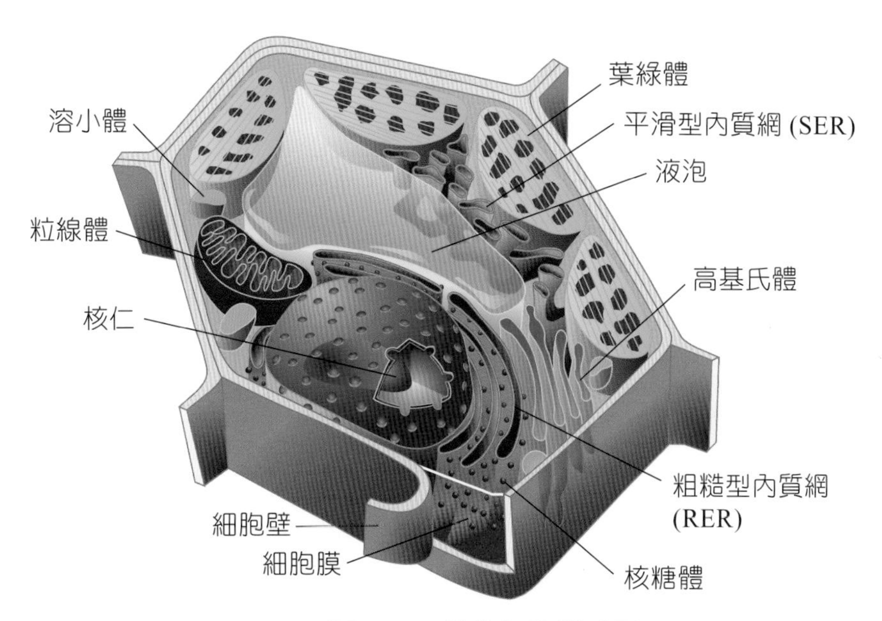

圖1-15　植物細胞模式圖

細胞是構成生物體的基本單位，以下僅就一些細胞內部典型的構造與胞器彙整如表1-1所示。

表1-1 細胞的組成

構造	特徵	功能
細胞膜	雙層磷脂質鑲嵌蛋白質與多醣	區隔細胞內外；選擇性通透；訊息傳遞
細胞核	雙膜通透的構造，可分成核膜、核質、核仁等三部分	控制細胞生理活動與遺傳
核膜	有核孔的雙層膜	調節物質進出細胞核
核質	包含膠態基質與染色質，染色質由DNA與蛋白質組成	負責遺傳
核仁	由RNA與蛋白質組成	合成核糖體的次單位
細胞質	為膠態基質所組成，含有各式胞器在其中	進行生理代謝
內質網	為細胞內之膜網路，分成平滑型與粗糙型兩種	運輸物質；合成脂肪與蛋白質
核糖體	由RNA和蛋白質組成，有些游離在細胞質，有些附著在內質網	合成蛋白質
高基氏體	成堆的扁平囊泡	包裝和修飾蛋白質
溶小體	含消化酵素的囊泡	行胞內消化；自我瓦解；防禦
粒線體	雙層膜構造物	產生能量分子ATP
葉綠體	雙層膜構造物	植物行光合作用場所

二、細胞中的化學反應

細胞內部時時刻刻都在進行許多新陳代謝的反應，這些反應包括物質的合成與分解，但是細胞尚需要適當的催化劑才可以使反應在常溫下進行，這些生化反應的催化劑被稱為**酵素或酶(enzyme)**。

酵素通常是具有特殊形狀且結構複雜的蛋白質，它催化的反應物稱為受質，酵素與受質的結合具有**專一性**，此種專一性類似鎖與鑰的關係，當酵素作用於受質會產生酵素－受質複合體，因此得以降低開始反應所需的能量（**活化能**），使得反應易於發生（圖1-16）。

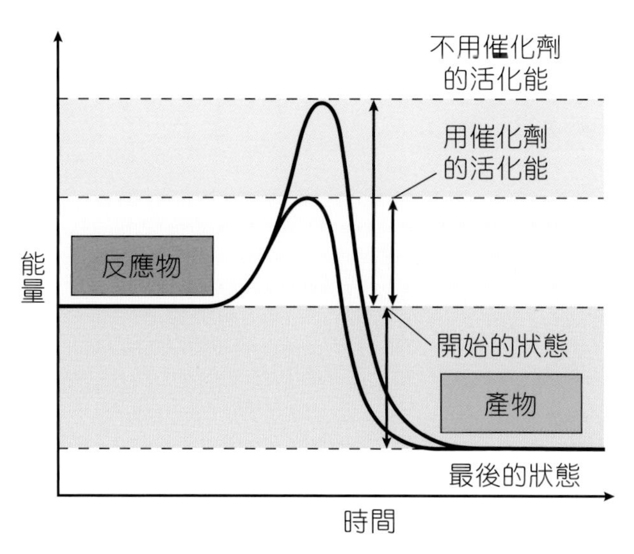

圖1-16　酵素可以降低反應的活化能

酵素可以加快反應速率，但是不會改變反應的方向。影響酵素活性的因素包含溫度與酸鹼值（pH值）。過高或過低的溫度會降低酵素的活性，極端的高溫更可能使酵素變性而永久失去活性。不同的酵素最適合作用的酸鹼值也不同，例如胃蛋白酶在酸性(pH<7)環境下的活性最高，唾液中的澱粉酶約在中性(pH=7)環境下的活性最高（圖1-17）。

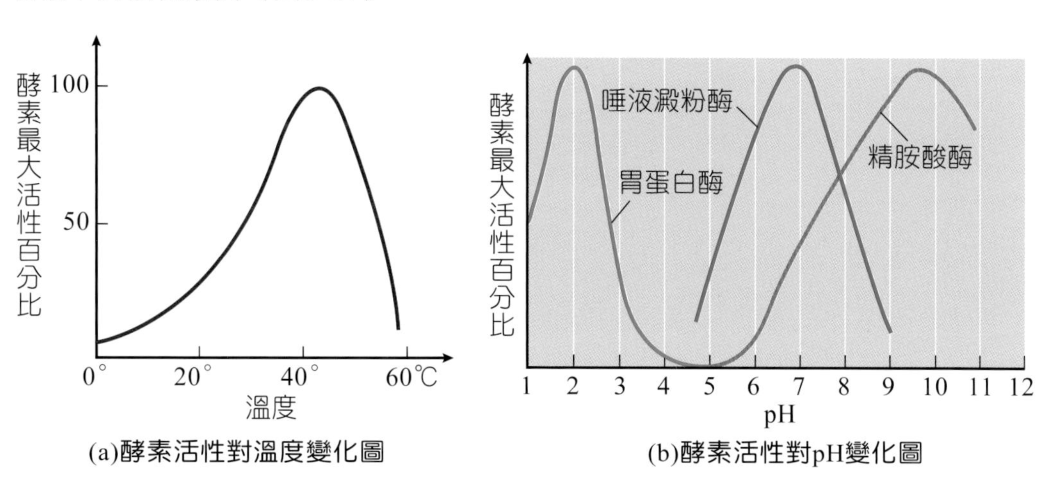

圖1-17　酵素活性變化圖

1-3 細胞分裂

在生物體中當細胞老化時，必須要有新的細胞取代死亡或老化的細胞；此外，細胞增生才能促使個體長大，因此生物體多要仰賴**細胞分裂(cell division)**來維持生命與生長。真核生物的細胞分裂可分為**有絲分裂(mitosis)**與**減數分裂(meiosis)**兩種。

一、有絲分裂

有絲分裂發生在體細胞，有絲分裂後細胞的數目倍增，但是細胞的染色體數目不變。完整的細胞週期分成**間期(interphase)**與**細胞分裂期**（包括**有絲分裂期(mitotic phase)**與**細胞質分裂(cytokinesis)**）（圖1-18）。間期是有絲分裂前的準備階段，間期的特徵是完成DNA複製和相關胞器與蛋白質的合成，等到細胞準備充分後，就會進入有絲分裂期。有絲分裂期分為**前期**、**中期**、**後期**和**末期**等四個階段，在此期間進行細胞物質的分配，並形成兩個新的細胞（圖1-19）。

1. **前期**：核仁、核膜消失，中心粒往細胞的兩端移動，並延伸出絲狀物，其中一部分絲狀物構成紡錘絲，細胞核中的染色質開始凝聚成染色體。染色體由

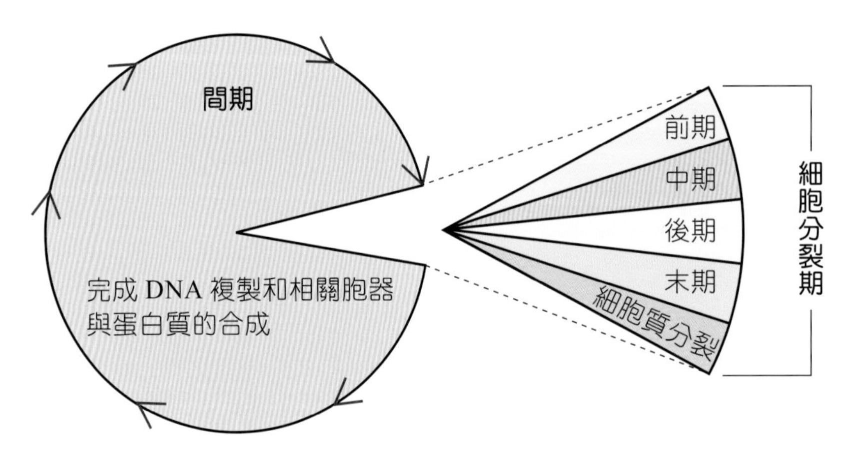

圖1-18　真核細胞的細胞週期

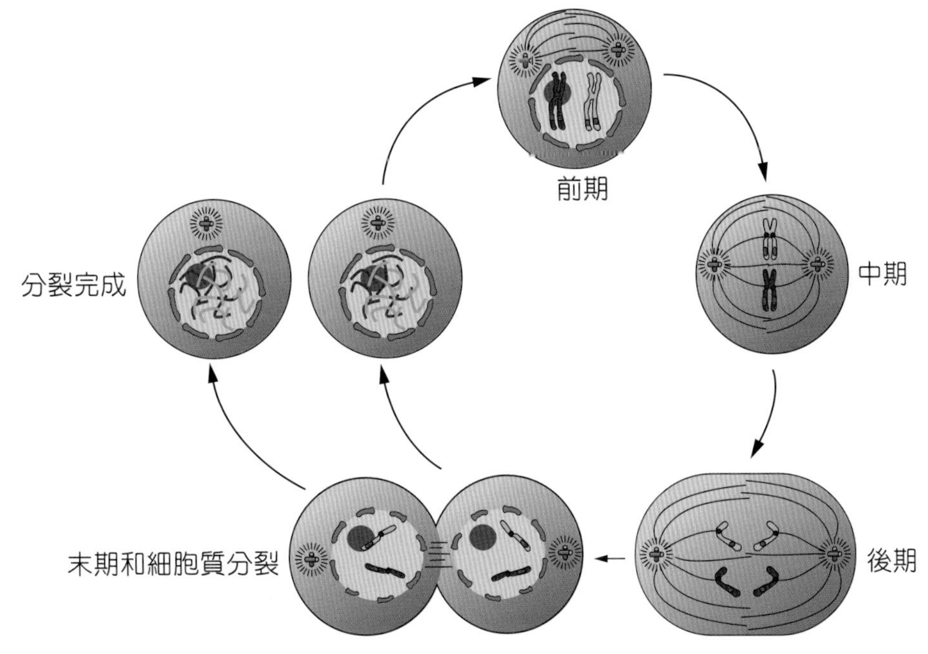

圖1-19　有絲分裂的四個時期

雙股染色分體所構成，染色分體藉著中節聯繫在一起，中節上的著絲點是染色體和紡錘絲連接的地方（圖1-20）。

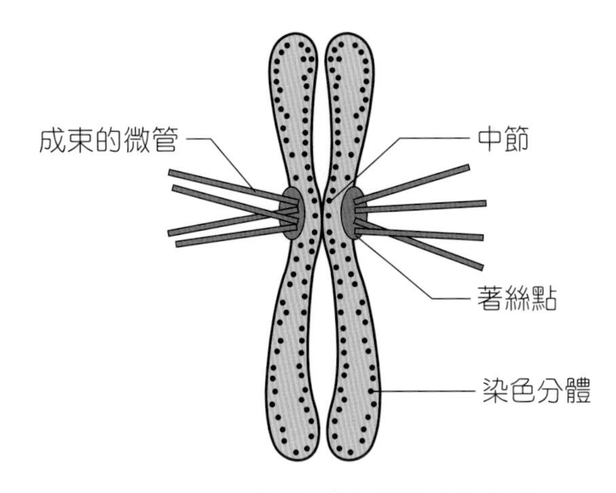

圖1-20　有絲分裂前期的染色體

2. **中期**：紡錘絲將染色體排列在細胞中央，如此排列可以確保下一個階段染色體分離時，新的細胞核可以各得到一份完整的染色體。在中期階段是觀察染色體的最佳時機。
3. **後期**：成對染色體從著絲點分離，向細胞的兩極移動，最後在細胞兩極皆擁有一套完整的染色體。
4. **末期**：各染色體抵達細胞的兩極，子細胞形成新的核膜包住染色體，紡錘絲消失，染色體散開，有絲分裂就此結束。

二、減數分裂

人或動物行有性生殖時，生殖細胞需要經過減數分裂的過程來產生單倍數染色體的配子（精子或卵）。減數分裂的過程中，細胞染色體只複製一次，但卻經歷兩次分裂，於是由原本一個母細胞經減數分裂可得到四個染色體減半的子細胞（圖1-21）。減數分裂過程中同源染色體互相靠近且成對排列稱為**聯會(synapsis)**，此時染色體間可產生基因的交換，增加遺傳基因的變異性。以人為例，人的體細胞有23對染色體，生殖細胞經過減數分裂產生23條染色體的配子（精子或卵），當精子與卵結合後得到的受精卵的染色體又會恢復為23對，這樣一來後代的染色體數量才能維持不變。

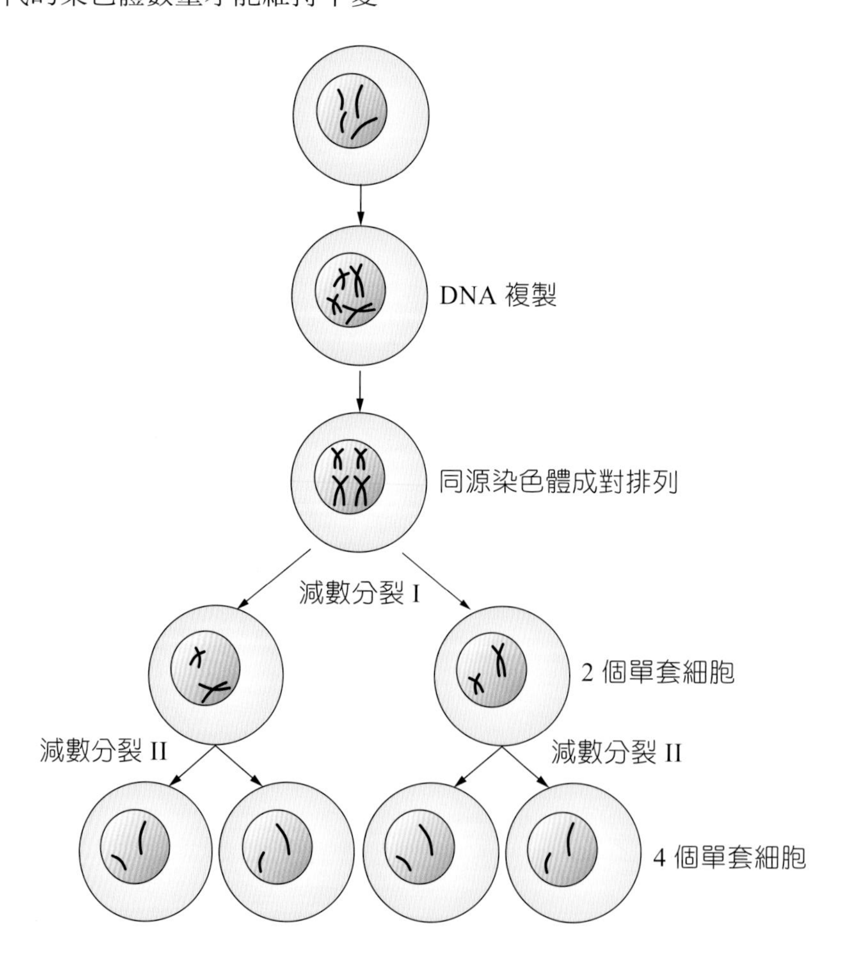

圖1-21　減數分裂

1-4 生物的多樣性

世界上的生物種類繁多，生物學家為了方便分門別類，將生物的分類系統分成七個等級：**界、門、綱、目、科、屬、種**。從最大部門的界到最小部門的種，同種的生物具有相似特徵，能在自然情況下進行交配繁殖，並產下具有生殖能力的後代。

所有生物可分成五界：**原核生物界、原生生物界、真菌界、植物界、動物界**。五界之間存有演化關係，最早的生物是原核生物，原核生物演化為原生生物，原生生物再分別演化為真菌、植物與動物（圖1-22）。

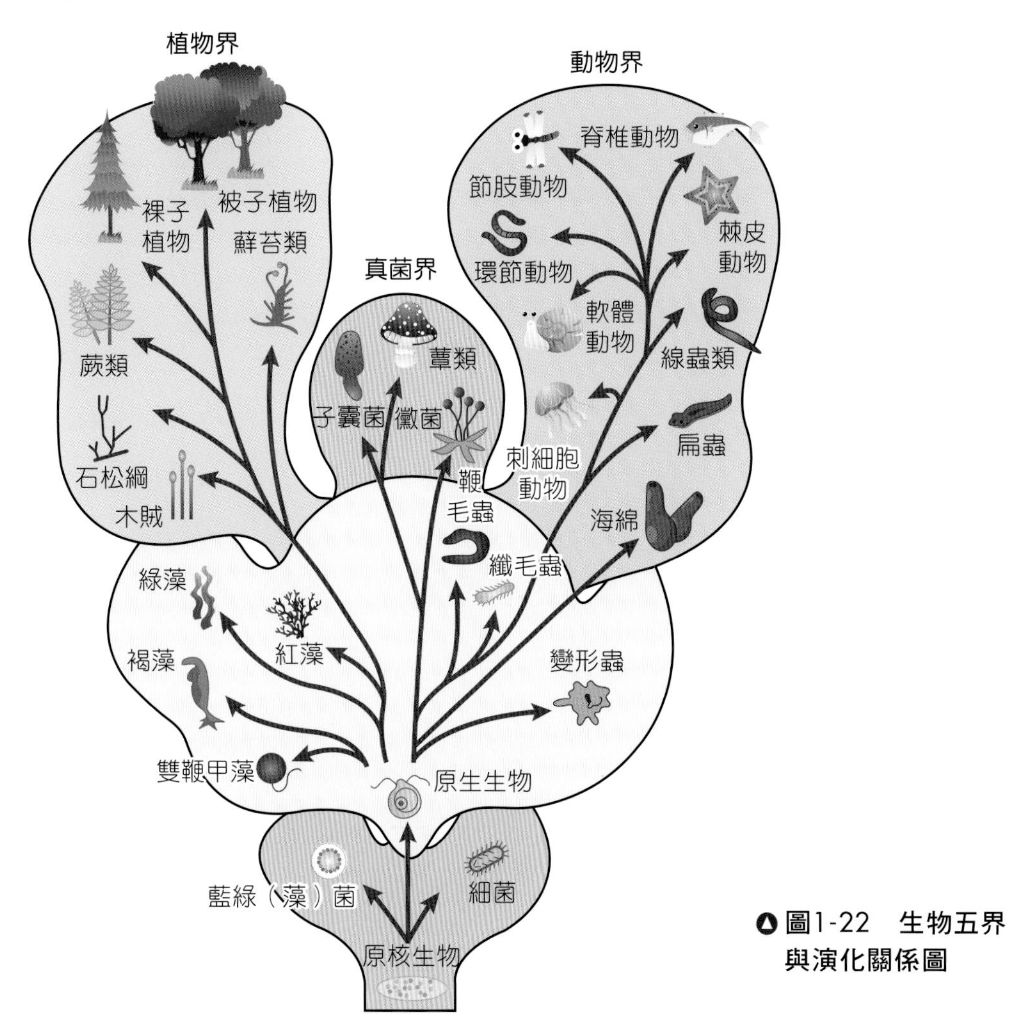

圖1-22　生物五界與演化關係圖

一、原核生物界

原核生物形態不但很小，在構造上亦是所有生物中最簡單的，因此被認為是其他四界的祖先。原核生物界包含了古細菌、真細菌與藍綠藻。古細菌是原核生物中最原始的古老細菌，大多數厭氧，生活在熱泉、沼澤等環境；真細菌的數量龐大且分布甚廣，根據估計全部細菌的總質量遠超過動物與植物的質量總和（圖1-23）；藍綠藻又稱**藍綠菌(cyanobacteria)**（前圖1-4），普遍存在於地球上，可進行光合作用，雖然傳統上被視為藻類，但因沒有細胞核等結構，與細菌非常接近，因此現時已被歸入原核生物界。

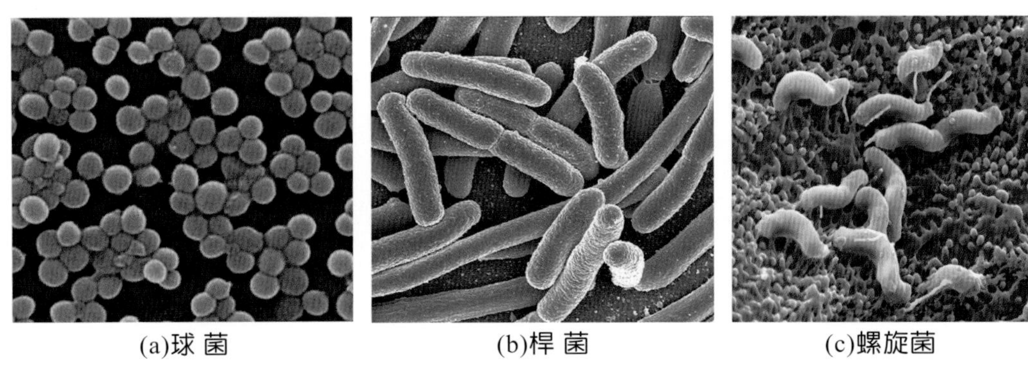

(a)球 菌　(b)桿 菌　(c)螺旋菌

圖1-23　細菌的三種基本形態：球菌、桿菌、螺旋菌

二、原生生物界

原生生物是由原核生物發展而來的真核生物，並且是真菌、植物、動物的祖先。原生生物大部分是單細胞生物，亦有部分是多細胞的，有些原生生物可以利用光合作用製造養分。常見的原生生物包括鞭毛蟲、草履蟲、變形蟲、瘧原蟲、眼蟲、矽藻等（圖1-24）。

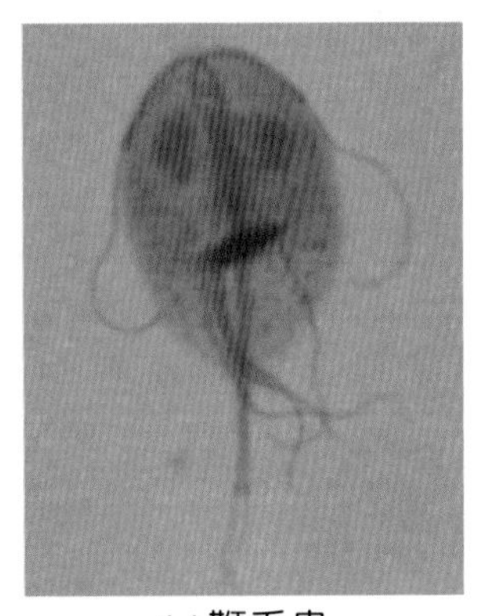

(a)鞭毛蟲

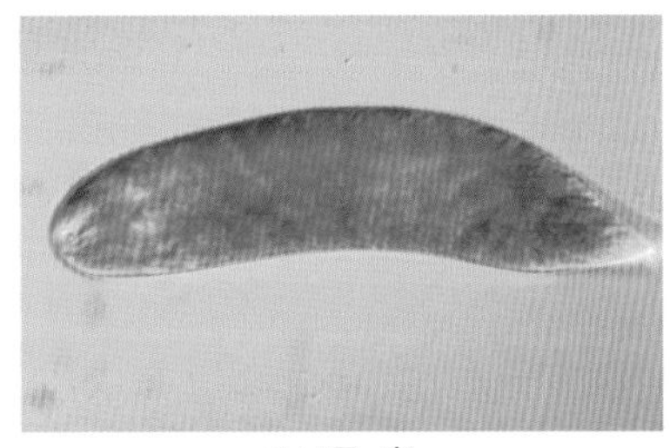

(b)眼 蟲

(c)矽 藻

圖1-24　原生生物

三、真菌界

真菌為異營生物，無法行光合作用自行製造養分，必須自環境中吸收養分才能生存，因此真菌行腐生、寄生或共生的生活。常見的真菌如製作麵包的酵母菌、食用的蕈類、使食物發霉的黴菌等，少數的真菌如酵母菌為單細胞，其他的真菌為多細胞（圖1-25）。

(a)酵母菌

(b)蕈 類

(c)青黴菌，可提煉盤尼西林

圖1-25　真 菌

四、植物界

植物為多細胞的真核生物，具有細胞壁；大多數植物都含有葉綠體，可行光合作用，自行製造養分。植物是由綠藻類演化而來，依演化的先後，可分為蘚苔植物、蕨類植物、裸子植物和被子植物。

（一）蘚苔植物

蘚苔植物是最早出現在陸地上的植物，多生長於陰冷潮濕處，缺乏支持功能的維管束，所以個體都很小，常會緊密地生長在一起，如此可以互相支持並保留水分（圖1-26）。

(a)角 蘚

(b)地 錢

(c)苔 類

圖1-26　蘚苔植物

（二）蕨類植物

蕨類植物為低等維管束植物，沒有種子，而是靠產生孢子散布繁殖。蕨類沒有木質部支撐，多生長於陰冷潮濕的地點，例如林地、峽谷或沼澤等區域。蕨類的莖常埋於地下，稱為地下莖；有些蕨類的莖則直立且高大，如樹蕨（圖1-27）。

(a)木 賊

(b)石 松

(c)樹 蕨

圖1-27　蕨類植物

（三）裸子植物

裸子植物因為其種子裸露，沒有肉質子房包被而得名，可分為松柏、蘇鐵、銀杏、麻黃等四大類無開花植物（圖1-28）。松柏類如松、杉、柏的樹幹高大挺直，葉子多呈針狀，故又被稱為針葉樹，台灣俗稱的神木大多是紅檜，樹齡可達數千年；蘇鐵是常見的庭園植物；銀杏又稱公孫樹，其種子稱為白果可以入藥；麻黃可作為中藥，用於發散風寒。

（四）被子植物

被子植物能開花結果，其種子包被於果實內，獲得保護；果實亦可幫助種子的散播。依種子內子葉的數目，被子植物可分為單子葉植物和雙子葉植物。大部分單子葉植物的葉為平行脈，花瓣為3或3的倍數，如百合、稻、麥、甘蔗、玉米、竹、蔥和蒜等。大部分雙子葉植物的葉為網狀脈，花瓣為4、5或其倍數，如杜鵑、菊、芹菜、草莓、荷與蓮等（圖1-29）。

(a)松 樹　(b)蘇 鐵　(c)銀 杏　(d)麻 黃

圖1-28　裸子植物

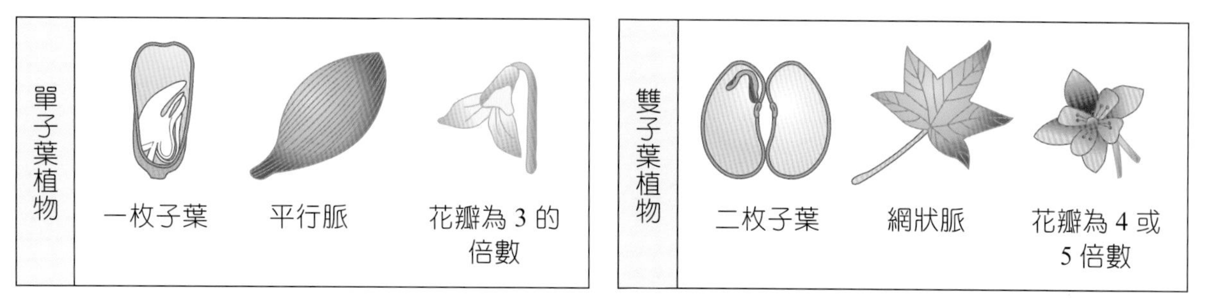

圖1-29　被子植物可分為單子葉植物和雙子葉植物

五、動物界

原生動物是動物的始祖，經過約20億年的演化，才變成現在各式各樣的動物，圖1-30為動物的演化樹。

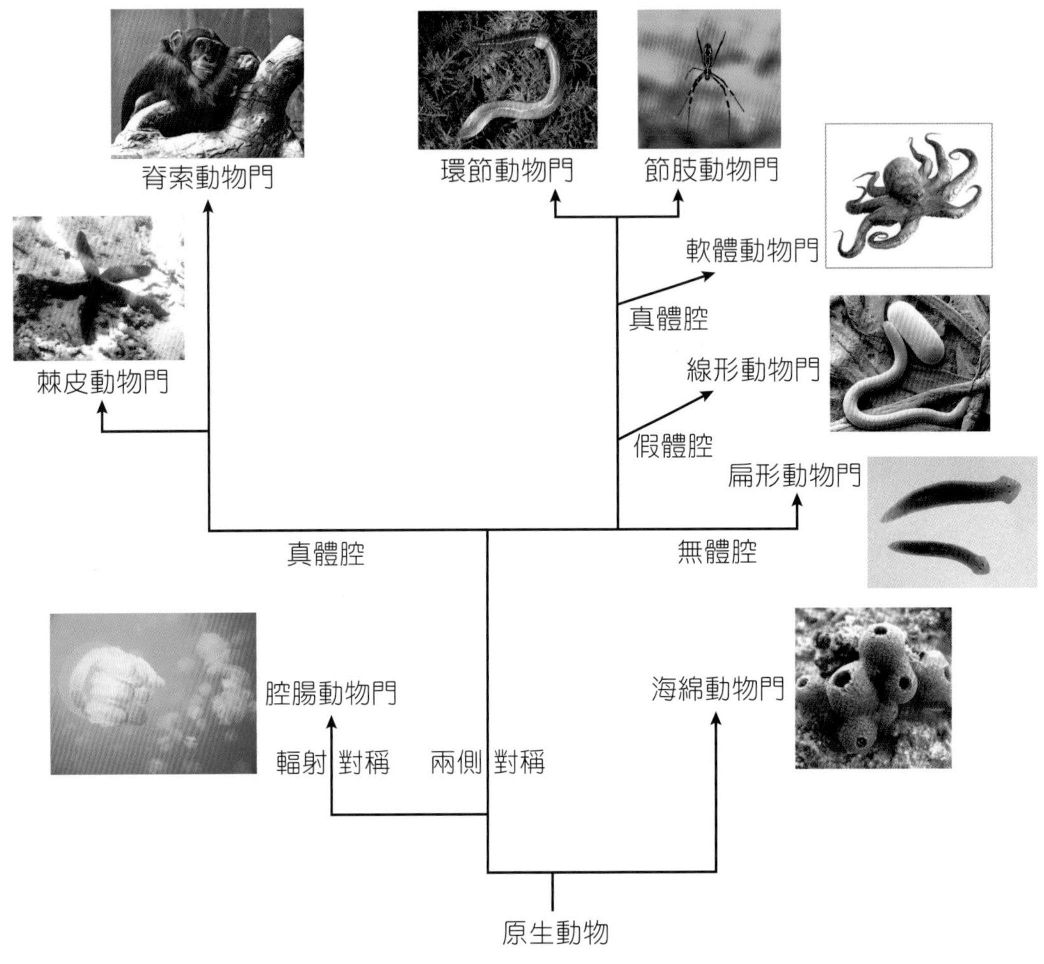

圖1-30　動物的演化樹

（一）海綿動物門─最原始的動物

海綿動物是多細胞動物當中結構最簡單、形態最原始的動物，約在60萬年前由原生動物演化而來，這段漫長時間未曾有其他的演化分枝。海綿動物其細胞雖已開始分化，但未形成組織和器官，由於海綿細胞會共同捕食、分工消化，所以被認為是動物界器官形成的開始。海綿動物有單體的，也有群體的，外形多樣，共同特徵是體內有一個中央腔，其上端開口形成個體的出水孔（圖1-31）。

(a)單體海綿

(b)群體海綿

圖1-31　海綿動物

（二）腔腸動物門—輻射對稱

腔腸動物包括水螅、水母、海葵、珊瑚等（圖1-32）。身體呈輻射對稱，體內有原始消化循環腔，有口，無肛門，口兼具進食及排放食物渣滓的功能。口周圍有觸手，觸手表面有刺絲細胞，以作為獵食與防禦之用。牠們是第一個有神經細胞的動物，但僅是身體散布神經，並未聚在一端形成頭部。

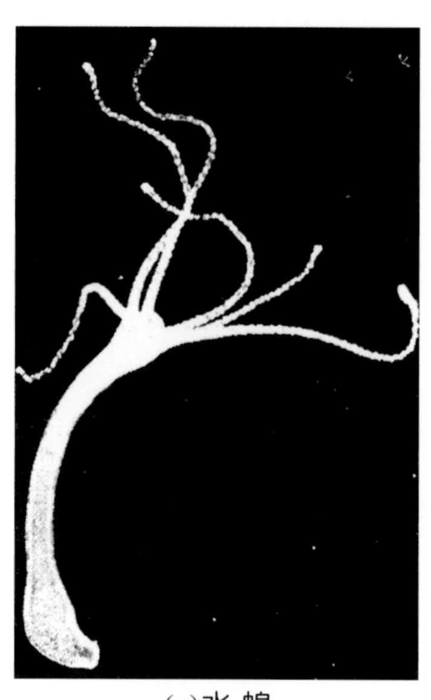
(a)水 螅

(b)水 母

(c)海 葵

(d)珊 瑚

圖1-32　腔腸動物

(三)扁形動物門—頭化現象與兩側對稱的開始

扁形動物包括渦蟲、吸蟲、條蟲等(圖1-33)。身體呈兩側對稱,有腦及神經索,腹背扁平。消化系統不完全,有口,但不具肛門。扁形動物是第一個身體呈兩側對稱的動物,因為兩側對稱與單一方向的運動(向前移動)有關,結果造成動物的感覺構造聚集在前端(頭部),這個演化過程稱為**頭化現象 (cephalization)**。

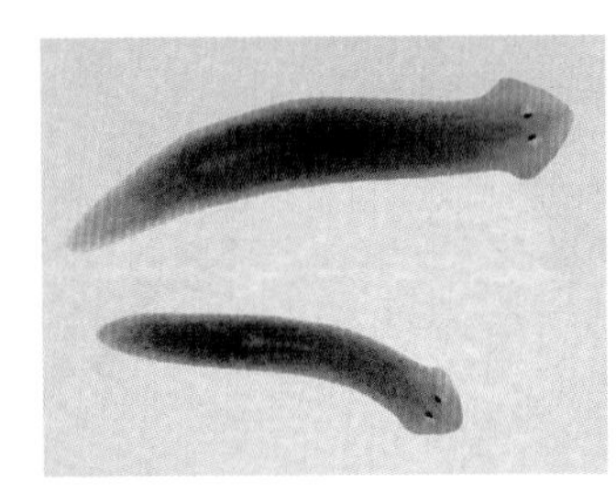

(a)渦蟲

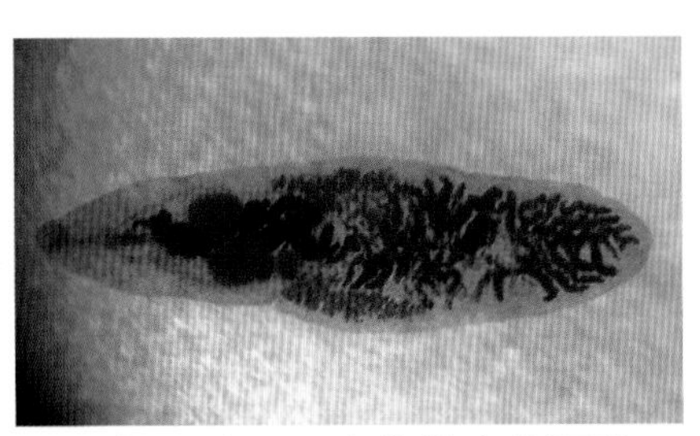

(b)肝吸蟲,可寄生於人的肝臟

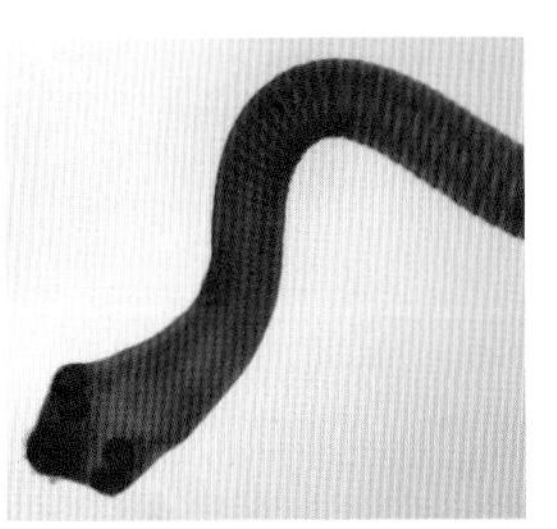

(c)條蟲可寄生於動物的腸道,吸取養分

▲圖1-33 扁形動物

(四)線形動物門—假體腔

線形動物包括線蟲、蛔蟲、蟯蟲、鉤蟲等。身體修長,呈圓柱狀(圖1-34)。有完整的消化道,包含口及肛門,但無循環及呼吸系統,部分線形動物行寄生生活。線形動物在腸道與體壁之間有一空腔,因為該內襯不全的空腔僅部分由中胚層發育而來,稱為**假體腔**。

(a)線蟲

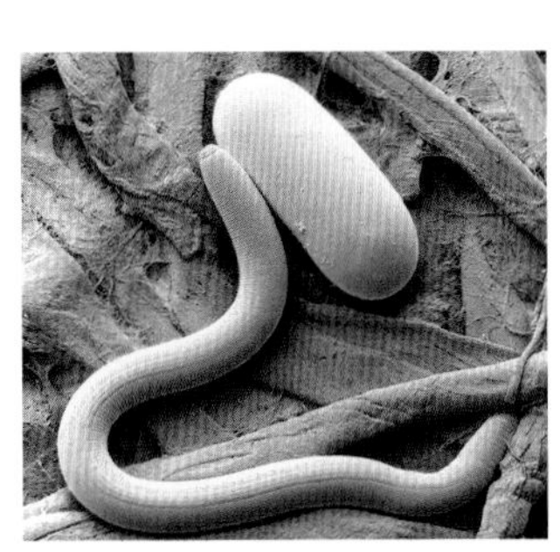

(b)蛔蟲

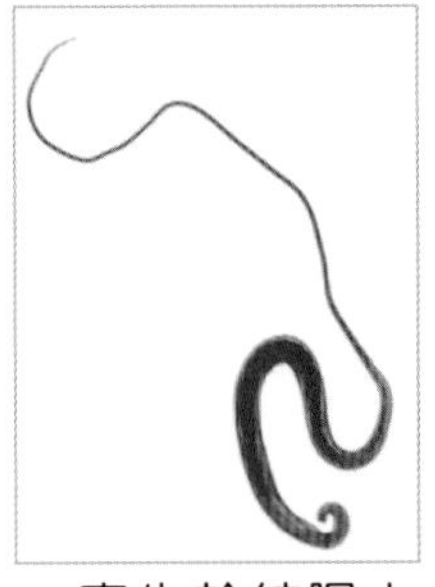

(c)寄生於結腸中的蟯蟲

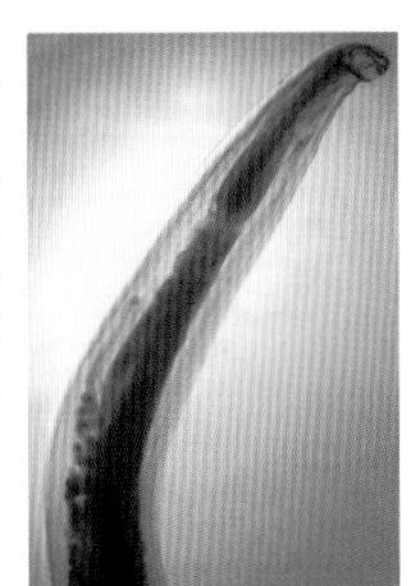

(d)鉤蟲

▲圖1-34 線形動物

（五）軟體動物門—真體腔

軟體動物包括蛤、蚌、蝸牛、螺、鮑魚、烏賊、魷魚、章魚、裸鰓類等（圖1-35）。身體柔軟，不分節，左右對稱。大多數軟體動物有一至兩個殼，像蝸牛、蛤，另一些則退化成內殼，例如烏賊；有些種類的外殼則完全消失，例如裸鰓類。軟體動物在腸道與體壁之間有一空腔，該空腔的內襯由中胚層發育而來，可提供內臟活動，稱為**真體腔**。

(a)章 魚

(b)烏 賊

(c)裸鰓類

▲ 圖 1-35　軟體動物

（六）環節動物—重複體節

環節動物包括蚯蚓、水蛭、沙蠶等（圖1-36）。身體由許多環節組成，具備真正的體腔，可容納多個器官。外皮薄並充滿腺體，可使身體表面保持濕潤，呼吸主要透過表皮進行。其循環系統為**閉鎖式循環系統(closed circulatory system)**，血液只在血管中流動。

(a)蚯 蚓

(b)水 蛭

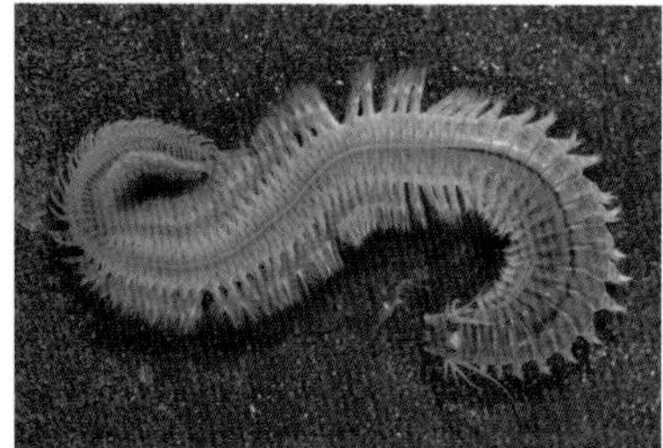
(c)沙 蠶

▲ 圖 1-36　環節動物

（七）節肢動物門—特化體節

節肢動物有**外骨骼(exoskeleton)**，包括龍蝦、螃蟹、蜘蛛、蠍子、蜈蚣、馬陸與各式的昆蟲等（圖1-37）。節肢動物是第一群身體分節且有明確頭部的動物，且是動物界當中品種最多的，約占全部動物品種的85%，其外骨骼由幾丁質構成，扮演保護與運動的功能。由於體壁堅硬，防礙生長，節肢動物需要在生長期蛻皮多次。其循環系統是**開放式循環系統(open circulatory system)**，血液在靠近背面心臟與體腔之間循環。

(a)螃 蟹

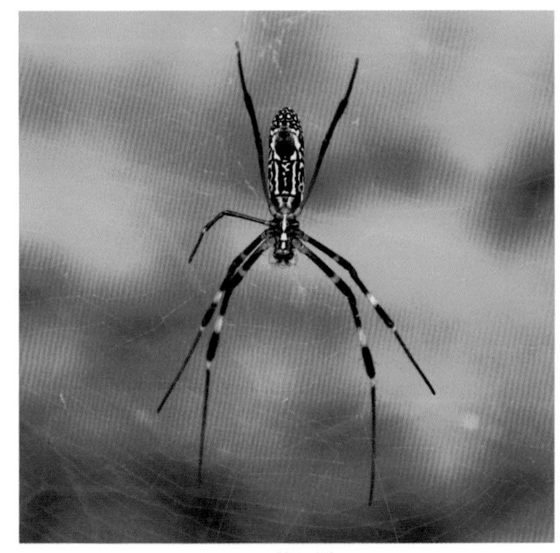

(b)蜘 蛛

(c)蜈 蚣

(d)馬 陸

圖1-37　節肢動物

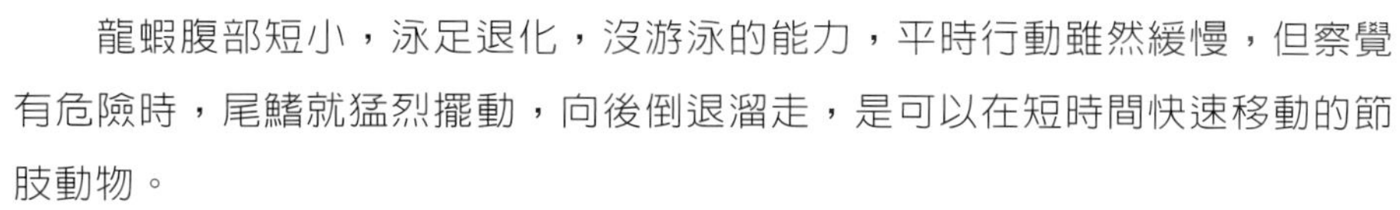

你知道嗎？

龍蝦腹部短小，泳足退化，沒游泳的能力，平時行動雖然緩慢，但察覺有危險時，尾鰭就猛烈擺動，向後倒退溜走，是可以在短時間快速移動的節肢動物。

（八）棘皮動物門—演化的謎

棘皮動物包括海星、海參、海膽、海百合等（圖1-38）。身體外層為棘皮，表面有刺狀突起。體內有**水管系統(water vascular system)**，負責體內運輸及身體運動。水管系統連接腹面多條管足，透過改變管足內的水壓，產生吸盤作用。棘皮動物的幼蟲是較進化的兩側對稱，但是成體卻呈較原始的輻射對稱，這是一個演化的謎，或許棘皮動物的祖先受到競爭壓力，被迫從陸地回到海底，在海底擁有向任意方向移動的能力是有利的，於是輻射對稱又出現在棘皮動物的身上。

(a)海 星

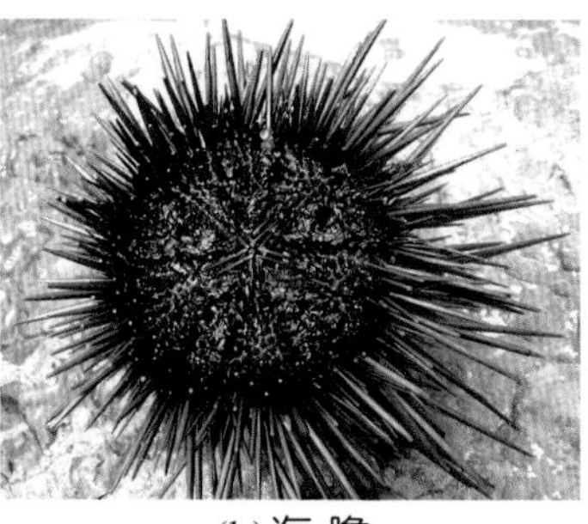

(b)海 膽

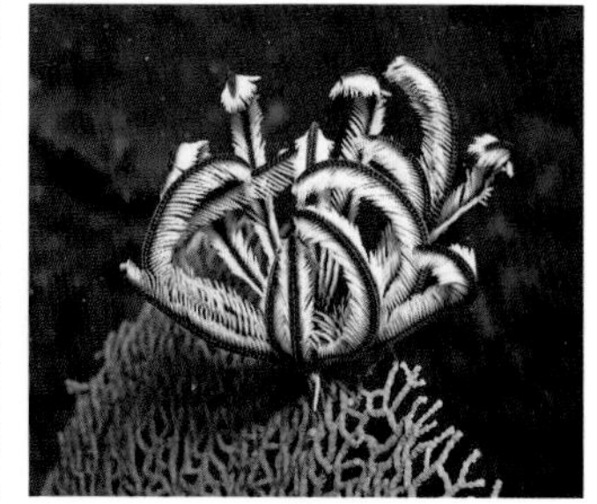

(c)海百合

圖1-38　棘皮動物

（九）脊索動物門—最高等的動物

脊索動物為動物界中最高等的動物，其成員包括魚類、兩生類、爬蟲類、鳥類與哺乳類（圖1-39）。脊索動物在一生的某個階段，它們有下列三個共同特徵：

1. 一條脊索(**notochord**)。脊索是一條支持身體的棒狀結構，高等的脊索動物，像脊椎動物，只在胚胎期出現脊索，成長時被脊柱取代。
2. 一條背神經索，前端膨大形成腦。
3. 數對鰓裂，位於咽喉部位的消化道，對外開口，魚的鰓裂用於呼吸，但陸生脊索動物的鰓裂在胚胎發育早期即消失。

(a)魚類：小丑魚

(b)兩生類：樹蛙

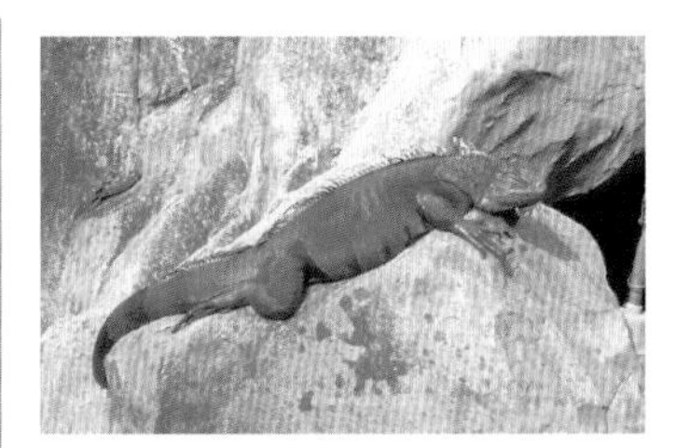
(c)爬蟲類：印度蜓蜥

(d)鳥類：鶴

(e)哺乳類：黑猩猩，其基因與人類相似度高達99%

圖1-39　脊索動物

（十）病 毒

在生物五界之外還有**病毒(virus)**，這是一種介乎生物與非生物之間的個體，缺乏細胞的完整構造（如細胞膜），所以一般不會把它歸類，只能說病毒是具有生物活性的小顆粒（圖1-40）。病毒比細胞還小，構造極為簡單，病毒只由蛋白質外殼與核酸核心（DNA或RNA）組成，可以感染活細胞，行寄生生活。

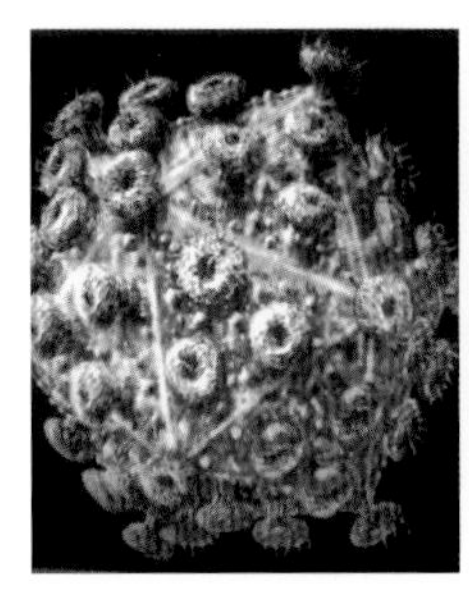
(a)HIV病毒

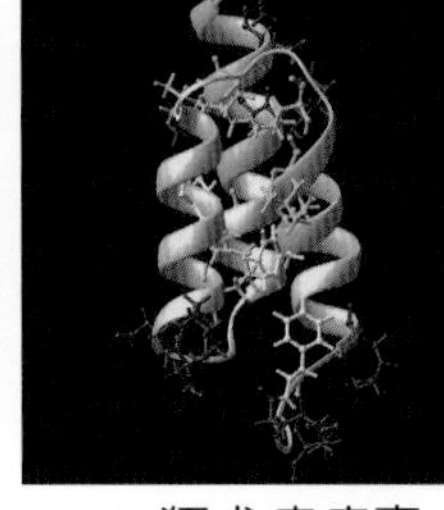
(b)狂犬病病毒

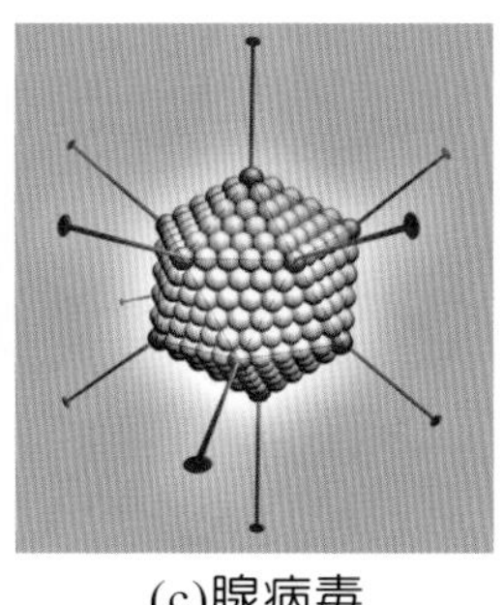
(c)腺病毒

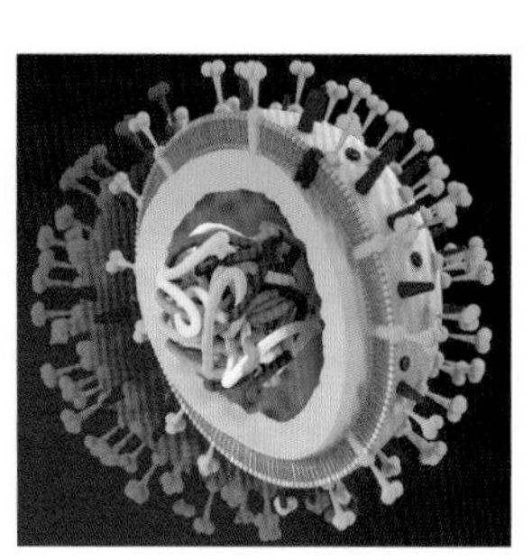
(d)流感病毒

圖1-40　各種病毒外觀

◎細菌和病毒引發之疾病和預防

細菌和病毒雖然微小，但有些細菌和病毒會引發人類的疾病，由細菌引起的疾病例如金黃色葡萄球菌引起食物中毒、破傷風桿菌引起破傷風、梅毒螺旋菌引起梅毒；由病毒引起的疾病例如流行感冒、愛滋病、肝炎、小兒麻痺、水痘、麻疹等。

養成均衡的飲食、適度的運動、充足的睡眠、良好的壓力調適與衛生習慣等方法可讓我們的身體更健康，增進對疾病的抵抗力，遠離病原體的威脅。

(a)位於鼻腔的細菌

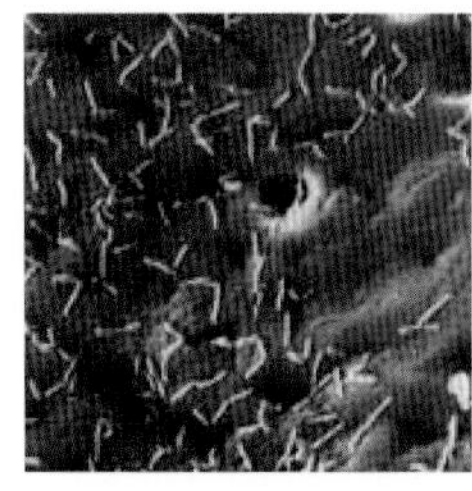
(b)位於口腔的細菌

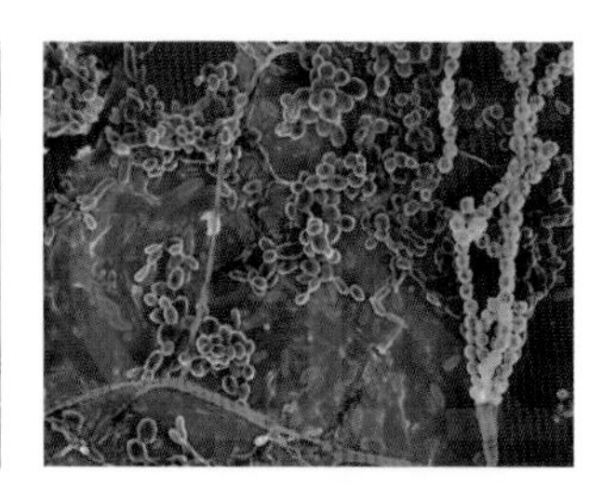
(c)位於砧板的細菌

圖1-41　無所不在的細菌

探討活動 1 細胞分裂的觀察

◎目的

觀察細胞分裂的過程，了解細胞的增殖方法。

◎器材

光學顯微鏡、洋蔥根尖標本玻片。

◎步驟

1. 將洋蔥根尖標本玻片置於載物台上，先以低倍鏡觀察。
2. 找出根尖內正在進行細胞分裂的部分。
3. 轉換高倍鏡觀察各個分裂時期的細胞。
4. 記錄觀察結果。

◎問題與討論

1. 為何觀察標本要先用低倍鏡，然後才轉換高倍鏡？
2. 依據觀察結果，處於各個分裂時期的細胞，分裂先後次序為何？

EXERCISE

一、選擇題

1-1

( ) 1. 地球上藍綠藻出現在多少億年前？(A) 150 (B) 100 (C) 35 (D) 10。

( ) 2. 胺基酸可組成何種分子？(A)核酸 (B)蛋白質 (C)脂肪 (D)醣類。

( ) 3. 地球初形成的原始大氣不包含哪種氣體？(A)氧氣 (B)甲烷 (C)氮氣 (D)氫氣。

( ) 4. 由無機物發展成有機物，再由有機物變成生命體的過程稱為何種演化？(A)分子演化 (B)細胞演化 (C)無機演化 (D)有機演化。

( ) 5. 何種能量使得原始地球大氣產生化學反應，生成有機分子，下列何者為非：(A)輻射線 (B)核能 (C)熱 (D)閃電。

( ) 6. 何人的實驗證明無機物可以變成有機物：(A)孟德爾 (B)巴斯德 (C)虎克 (D)米勒。

( ) 7. 多細胞生物的特殊架構層次為何？(A)細胞→系統→組織→器官 (B)細胞→組織→器官→系統 (C)細胞→組織→系統→器官 (D)細胞→器官→組織→系統。

( ) 8. 胃的分類架構屬於下列何者？(A)細胞 (B)組織 (C)器官 (D)系統。

( ) 9. 植物的向光性屬於生命哪一個特徵？(A)生長 (B)新陳代謝 (C)生殖 (D)感應。

( ) 10. 同化與異化屬於生命哪一個特徵？(A)生長 (B)新陳代謝 (C)生殖 (D)感應。

1-2

( ) 11. 下列哪種細胞是最小的：(A)皮膚細胞 (B)笠藻 (C)酵母菌 (D)黴漿菌。

( ) 12. 發現細胞的是哪一位科學家？(A)米勒 (B)許旺與許來登 (C)虎克 (D)孟德爾。

(　) 13. 細胞學說是由誰提出？(A)米勒　(B)許旺與許來登　(C)虎克　(D)孟德爾。

(　) 14. 關於原核細胞的描述何者錯誤：(A)缺乏有膜胞器　(B)構造複雜　(C)具有細胞壁　(D)比真核細胞早出現於地球。

(　) 15. 具有運輸功能的胞器是哪一項？(A)內質網　(B)核糖體　(C)高基氏體　(D)粒線體。

(　) 16. 下列哪項構造是植物細胞有但是動物細胞沒有：(A)細胞核　(B)細胞膜　(C)細胞壁　(D)細胞質。

(　) 17. 細胞膜具有何種功能？(A)完全性通透　(B)完整性通透　(C)選擇性通透　(D)完全不通透。

(　) 18. 細菌細胞壁成分是哪一項？(A)肽聚醣　(B)纖維素　(C)澱粉　(D)幾丁質

(　) 19. 植物行光合作用場所是哪一項？(A)粒線體　(B)溶小體　(C)葉綠體　(D)核糖體。

(　) 20. 細胞的何種構造負責包裝與修飾蛋白質？(A)粒線體　(B)溶小體　(C)高基氏體　(D)核糖體。

(　) 21. 下列影響酵素活性因素最重要的是哪一項？(A)濃度　(B)溫度　(C)壓力　(D)溼度。

(　) 22. 酵素會降低反應的何種能量，使得反應易於發生。(A)化學能　(B)動能　(C)位能　(D)活化能。

1-3

(　) 23. 哪種細胞會進行減數分裂？(A)皮膚細胞　(B)生殖細胞　(C)肝臟細胞　(D)血管內皮細胞。

(　) 24. 核仁與核膜消失，中心粒往細胞兩端移動，發生在有絲分裂的哪一期？(A)前期　(B)中期　(C)後期　(D)末期。

(　) 25. 關於有絲分裂敘述正確者為何者？(A)有絲分裂後細胞數目倍增，細胞染色體數目也倍增　(B)有絲分裂後細胞數目不變，但細胞染色體數目倍增　(C)有絲分裂後細胞數目不變，細胞染色體數目也不變　(D)有絲分裂後細胞數目倍增，但細胞染色體數目不變。

(　　) 26. 關於減數分裂的敘述錯誤者為哪一項？(A)產生四個子細胞　(B)經兩次分裂　(C)子細胞具雙套染色體　(D)發生在生殖細胞。

(　　) 27. 人類精子的染色體有幾條？(A) 13　(B) 23　(C) 26　(D) 46。

(　　) 28. 人類皮膚細胞的染色體有幾條？(A) 13　(B) 23　(C) 26　(D) 46。

1-4

(　　) 29. 下列哪一個生物分類層級範圍最小？(A)屬　(B)目　(C)門　(D)界。

(　　) 30. 原核生物演化為何種生物？(A)動物　(B)植物　(C)真菌　(D)原生生界。

(　　) 31. 細菌按照型態分類不包括下列哪一種？(A)球狀　(B)桿狀　(C)螺旋狀　(D)金字塔狀。

(　　) 32. 下列何者不為古細菌的特性：(A)好氧　(B)厭氧　(C)生活在熱泉與沼澤　(D)為原始的古老細菌。

(　　) 33. 酵母菌屬於生物五界中的哪一界？(A)動物界　(B)植物界　(C)真菌界　(D)原核生物界　(E)原生生物界。

(　　) 34. 單子葉植物的花瓣大部分為多少的倍數？(A) 1　(B) 2　(C) 3　(D) 4。

(　　) 35. 松柏、蘇鐵是哪一種植物？(A)蘚苔植物　(B)裸子植物　(C)被子植物　(D)蕨類植物。

(　　) 36. 開花結果的植物是哪一種植物？(A)裸子植物　(B)蕨類植物　(C)被子植物　(D)蘚苔植物。

(　　) 37. 具假體腔的蛔蟲屬於何種動物？(A)海綿動物　(B)腔腸動物　(C)扁形動物　(D)線形動物。

(　　) 38. 下列何者為環節動物？(A)海星　(B)水母　(C)螃蟹　(D)蚯蚓。

(　　) 39. 海葵、珊瑚屬於何種動物？(A)節肢動物　(B)腔腸動物　(C)軟體動物　(D)棘皮動物。

(　　) 40. 下列關於病毒的描述何者為非：(A)介於生物與非生物之間的個體　(B)具有脂肪外殼　(C)比細胞小　(D)愛滋病由病毒引起。

二、問答題

1. 關於地球上生命起源的假說除了「有機演化」以外，尚有其他說法，例如「隕石說」，請蒐集相關資料，解釋何謂隕石說？
2. 生物具有哪六大特徵？
3. 何謂細胞膜的流體鑲嵌模型？
4. 影響酵素活性的因素包含哪些？
5. 開放式循環系統與閉鎖式循環系統有何差異？
6. 為何病毒是一種介乎生物與非生物之間的個體？

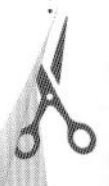

植物的生理

本章大綱

2-1 根、莖、葉的構造與功能

根、莖、葉是植物維持生命的營養器官，花、果實、種子則是繁衍後代的生殖器官。

一、根

根對植物有四項功能：

1. 吸收：根可以吸收土壤中的水及礦物質。
2. 運輸：根將吸收的物質向上運輸到植物的其他部位。
3. 固著：根深入土壤，可以固著植物體。
4. 儲藏：根可以儲藏植物所製造出來的養分，例如蘿蔔。

根據形態不同可將根分為**軸根(tap root)**與**鬚根(fibrous root)**。軸根是雙子葉植物的特徵，具有一條明顯的主根，周圍再長出細而短的支根；鬚根是單子葉植物的特徵，其根部由許多大小相似的細條狀根組成（圖2-1）。

(a)軸根系植物

(b)鬚根系植物

圖2-1　植物的軸根與鬚根

植物的根是生長最旺盛之處，位於根的最前端數公分，稱為根尖（圖2-2）。根尖可再分成四個部分：

1. **根冠**：呈套狀，覆蓋在根的最頂端，具保護功能，可幫助根尖穿越土壤。
2. **先端分生區**：此處細胞的分裂能力特別旺盛，能向前分生新的根冠細胞，亦能向後分生延長區細胞。
3. **延長區**：此處細胞因大量吸水而膨大，是根能加長的主因。
4. **成熟區**：又稱根毛區，此處的細胞已趨成熟並分化完全，表皮細胞則向外延伸成根毛，增加吸收的表面積。

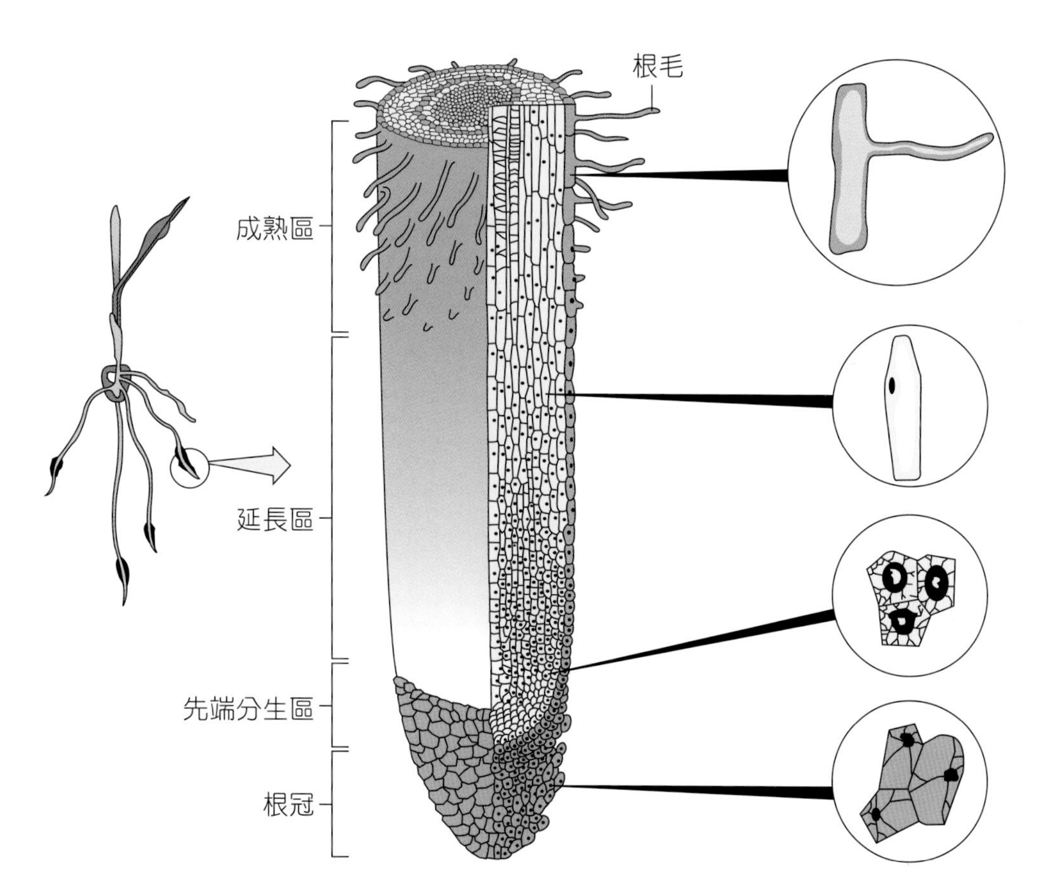

▲ 圖2-2　植物的根尖

在雙子葉植物根的成熟區做一橫切面，可以觀察到根的內部構造，由外而內有以下各部分（圖2-3）：

1. **表皮**：根的最外層，由一層表皮細胞組成，通常無角質層以利於吸收，有些延伸為根毛。
2. **皮層**：主要由薄壁細胞組成，能傳遞水及礦物質，並可儲藏養分，皮層占根體積的大部分。

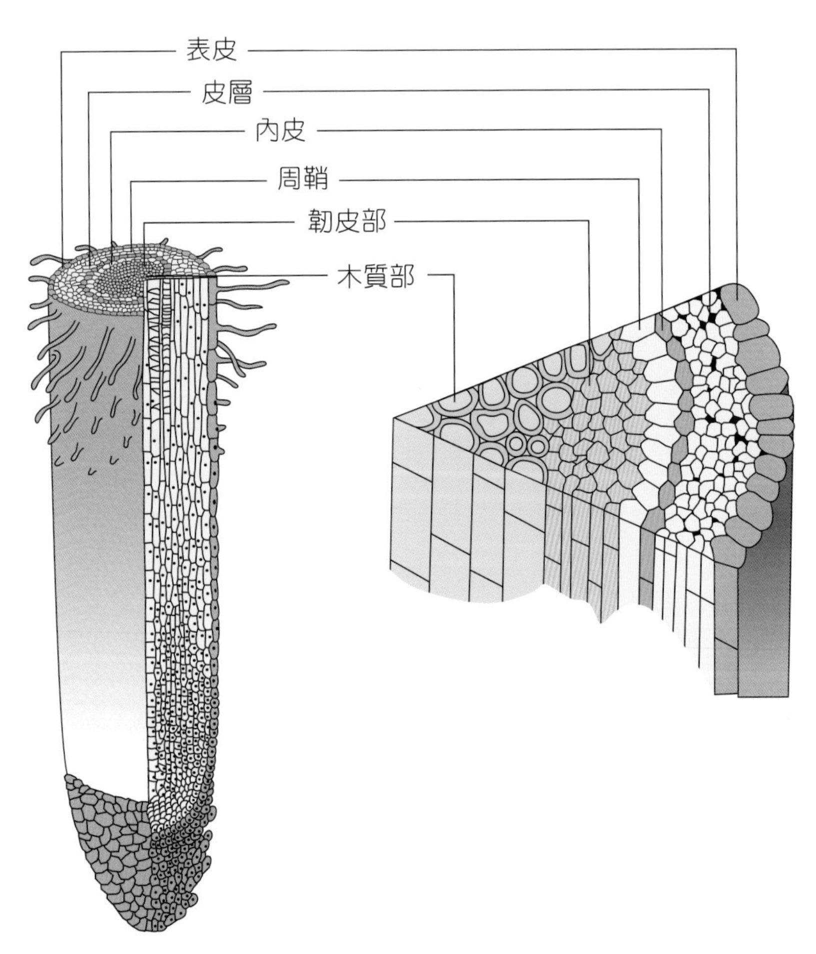

圖2-3　根的內部構造－以雙子葉植物根為例

3. **中柱**：包括周鞘、木質部及韌皮部三部分。

(1) **周鞘**：由薄壁細胞組成，其分生能力強，支根就是從周鞘長出的。

(2) **木質部**：在周鞘內方呈星形，細胞壁厚，內有導管提供水分和礦物質的運送，導管是死細胞（缺乏原生質）（圖2-4），完全由細胞壁組成。

(3) **韌皮部**：夾在二個木質部之間，內有篩管及伴細胞，主要輸送醣類及其他有機物。

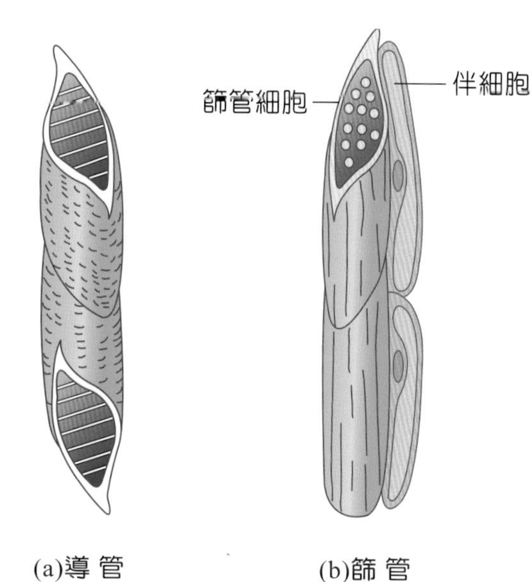

圖2-4　導管與篩管

二、莖

莖是植物地上部分主要的器官，其功用為支持葉片於適當的位置，輸送來自根部吸收的水分與礦物質至其他部位，另外，某些植物的莖具有儲藏養分功能。

(一) 莖的外形

植物的莖上有芽，芽將來會發育成新的枝條、葉或花，處在莖頂端的芽稱頂芽，處在莖側面的芽稱側芽或腋芽。莖上生出葉的位置稱為節，此處較為膨大，而介於兩個節之間的部位稱為節間（圖2-5）。

圖2-5　莖的外形

（二）莖的內部

◎ 雙子葉植物莖

雙子葉植物莖由外而內有以下各部分：

1. **表皮**：為最外層，由一至數層細胞組成，可保護莖內部組織，避免乾燥或外力傷害。
2. **皮層**：具有儲藏養分功能。
3. **維管束**：呈環狀排列，在每個維管束中，韌皮部位於外側，有篩管及伴細胞，主要輸送醣類及其他有機物；木質部位於內側，內有導管提供水分和礦物質的運送。
4. **髓**：在莖的中央是由大型細胞構成的髓，具有儲藏養分功能。

◎ 單子葉植物莖

單子葉植物莖的表皮之內充滿著基本組織，基本組織由薄壁細胞組成（圖2-6）。維管束散布在基本組織之中，不像雙子葉植物呈現有規則的環狀排列。

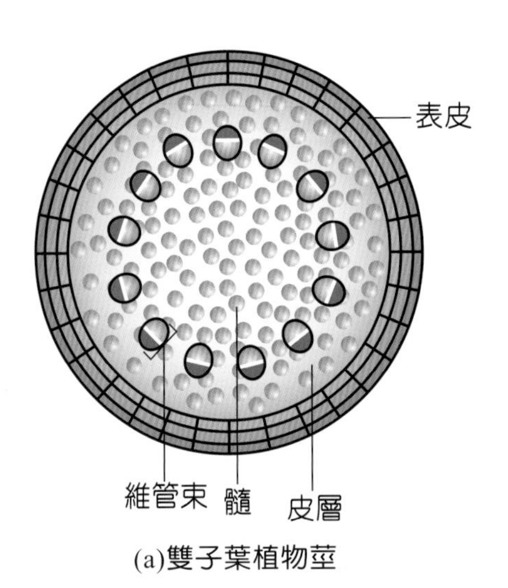

(a)雙子葉植物莖

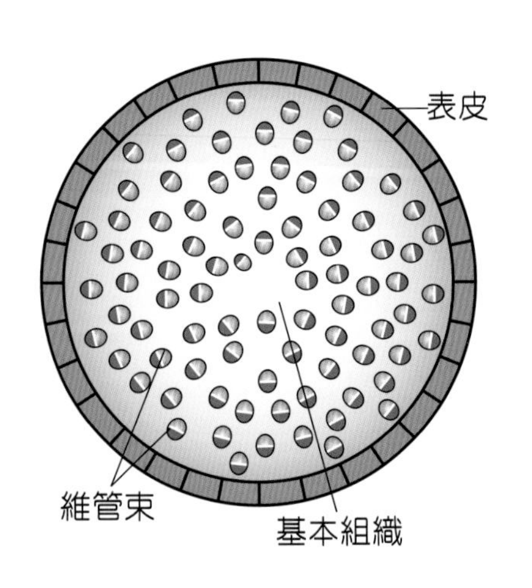

(b)單子葉植物莖

▲ 圖2-6　植物莖的構造

年輪(annual ring)出現於雙子葉植物的木本莖，在一株木本植物成長時，會在韌皮部與木質部之間形成一道**維管束形成層(vascular cambium)**，此維管束形成層會向外分生出韌皮部，同時也會向內分生出木質部，而使莖不斷加粗。維管束形成層以外的部分稱為樹皮，維管束形成層以內的部分稱為木材，主要由木質部組成。當春季氣候暖和，新長出的木質部細胞較大且顏色較淡，到了夏末新長出的木質部細胞較小且顏色較深，於是兩者之間形成一道痕跡，由樹幹的剖面看來是一環同心圓，此即年輪（圖2-7），由於年輪是每年增加一環，可據此推估樹的年齡。

圖2-7 木本植物的年輪

三、葉

葉具有光合作用與蒸散作用兩個功能。光合作用使植物能吸收光能，並轉變為化學能；蒸散作用使植物將多餘的水分經由葉的蒸散而排出。

一典型的葉可分為葉片、葉柄、托葉三個部分（圖2-8），凡一植物之葉具有以上三部分者，稱為完全葉，例如桃、玫瑰、朱槿。若缺少其中之一或二部分者，稱為不完全葉，例如榕樹無托葉，白菜只有葉片而無葉柄、托葉。

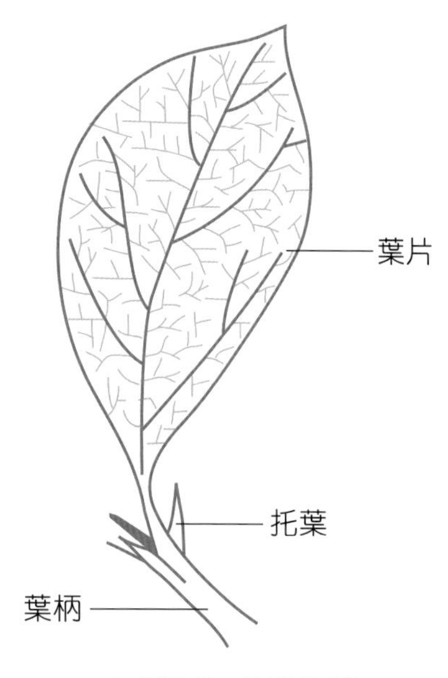

圖2-8 典型的葉

葉的內部包含表皮、葉脈、葉肉三個部分：

1. **表皮**：通常由一層細胞構成，可保護內部組織，在上表皮覆有含蠟的角質層，可防止水分散失。另外在表皮細胞中另有一種成腎臟形的保衛細胞，每兩個一組構成氣孔，是氣體進出葉的通道。保衛細胞含有葉綠體，可行光合作用，而一般表皮細胞則不含葉綠體。
2. **葉脈**：維管束在葉中之分支稱為葉脈，葉脈除了可以輸送水分、礦物質、養分以外，亦可撐起葉片，具支持功能。雙子葉植物之葉脈多成網狀，單子葉植物之葉脈多成平行狀（圖2-9）。
3. **葉肉**：由薄壁細胞組成，含有葉綠體，是葉內行光合作用的主要場所。葉肉可分**柵狀組織**與**海綿組織**兩部分（圖2-10），柵狀組織較靠近上表皮，細胞成

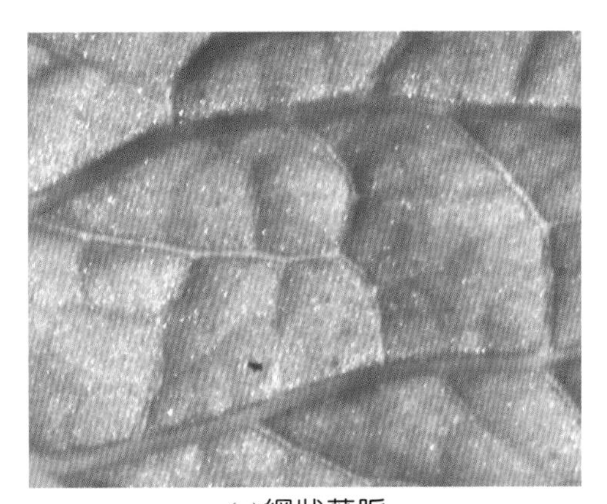

(a)網狀葉脈

(b)平行葉脈

圖2-9　植物的葉脈

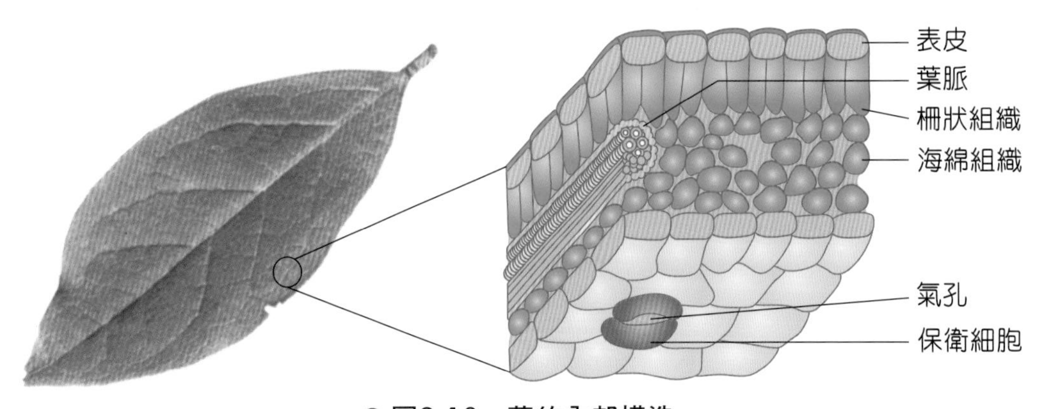

圖2-10　葉的內部構造

柵狀排列，整齊而緊密，含有豐富的葉綠體，是葉內行光合作用的最主要場所。海綿組織較靠近下表皮，細胞形狀不規則且排列鬆散，含葉綠體較少，因其細胞間隙大，使細胞易於接觸空氣，光合作用與呼吸作用才能順利進行。

◎ 葉之變態

為了適應生長環境的差異，有些植物的葉之形態與功能，在本質上都發生了非常大的變化，叫做葉的變態，以下為常見之變態葉：

1. **針狀葉**：葉之形態如針狀，如仙人掌之針狀葉可減少水分散失，同時具有保護功能（圖2-11）。
2. **捲鬚葉**：用以纏繞攀附，如豌豆、絲瓜（圖2-12）。

(a)仙人掌

(b)松

▲ 圖2-11　針狀葉

(a)豌 豆

(b)絲 瓜

▲ 圖2-12　捲鬚葉

3. **鱗狀葉**：用以儲藏養分，如洋蔥、百合（圖2-13）。

4. **捕蟲葉**：食蟲植物之葉片能形成特殊構造來捕捉昆蟲，如捕蠅草、豬籠草（圖2-14）。

(a)洋蔥

(b)百合

圖2-13　鱗狀葉

(a)捕蠅草

(b)豬籠草

圖2-14　捕蟲葉

你知道嗎？

食蟲植物真的很神奇，它們雖然不能移動，但是會透過散發氣味、分泌蜜汁來吸引昆蟲接近。當昆蟲接觸到葉片後，葉片內側的葉肉細胞，失去膨壓而使葉片閉合來困住獵物，並開始分泌消化液分解，然後吃了個飽，以補充生存所需的養分。

(a)

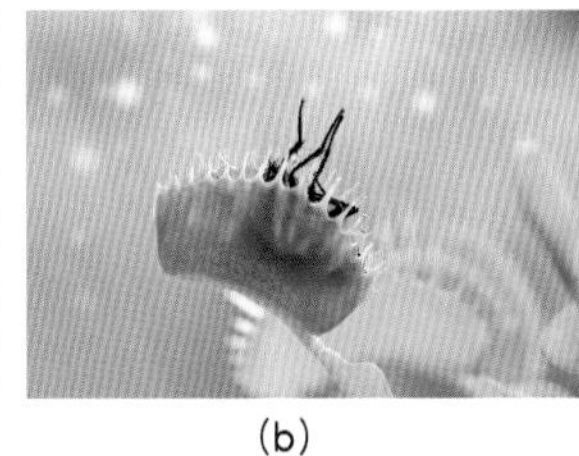
(b)

(c)

2-2 光合作用

光合作用(photosynthesis)是指植物利用光能，將二氧化碳和水合成葡萄糖並釋放出氧氣的過程。其反應方程式如下：

$$6CO_2 + 12H_2O \xrightarrow{\text{光能}} C_6H_{12}O_6 + 6O_2 + 6H_2O$$

光合作用中合成的葡萄糖是植物的能量來源，另外，光合作用釋放O_2和固定CO_2，使大氣中的O_2累積，CO_2含量降低，對地球環境、生物演化皆影響深遠。

光合作用發生於葉綠體，葉綠體是一個有膜胞器，由外膜、內膜、基質與葉綠餅所構成（圖2-15）。葉綠餅是由一個個的**類囊體**堆疊而成，再由餅間板連接在一起。

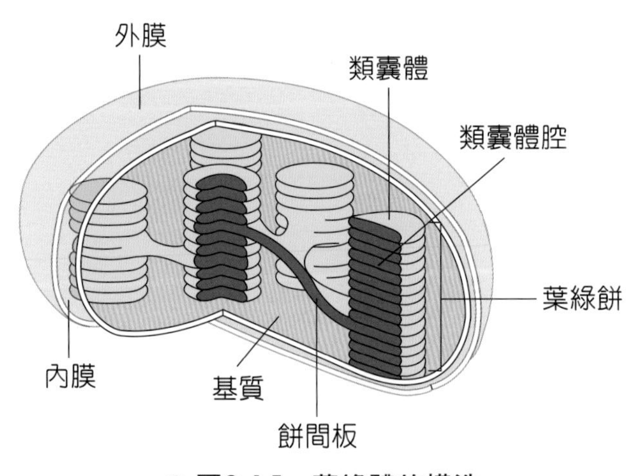

圖2-15　葉綠體的構造

光合作用包含**光反應(light-dependent reaction)**及**暗反應(light-independent reaction)**。光反應必須在有光的情形下，於葉綠餅內進行，形成ATP及NADPH。暗反應則無需光的存在，在基質中進行，可藉一系列酵素所促進的反應，將CO_2轉變為葡萄糖（圖2-16）。

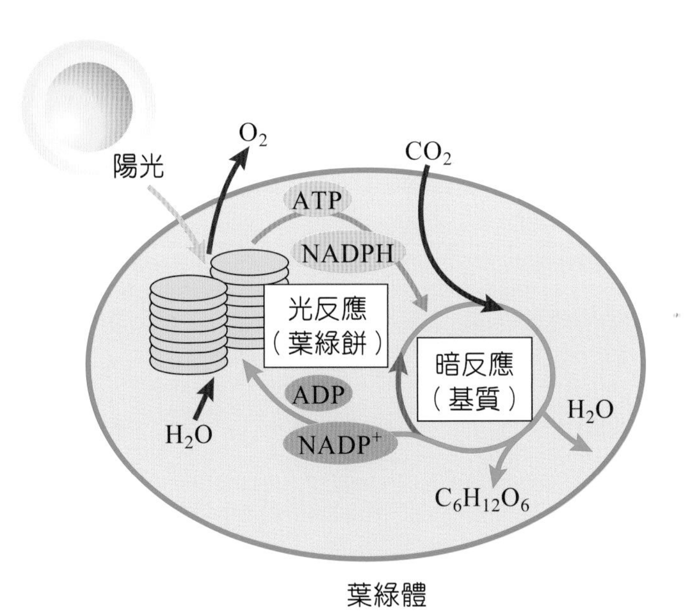

圖2-16　光合作用

光反應在光照下才能進行，這個過程發生於葉綠體的葉綠餅。當葉綠素吸收光能後，葉綠素便呈激動的高能狀態而放出電子。當放出電子的同時，也促進水分子分解而產生氧、質子(H^+)及電子(e^-)。葉綠素接受水分子來的電子而恢復原來的非激動狀態，以便再吸收光能。由葉綠素放出的電子，經一連串的電子傳遞，即電子從高能介質向較低能介質傳遞。利用電子傳遞過程所釋出的能量合成ATP。最後電子與質子由$NADP^+$接受，還原成NADPH。光反應的結果是將光能儲存於ATP和NADPH的分子中，進一步提供暗反應所需（圖2-17）。

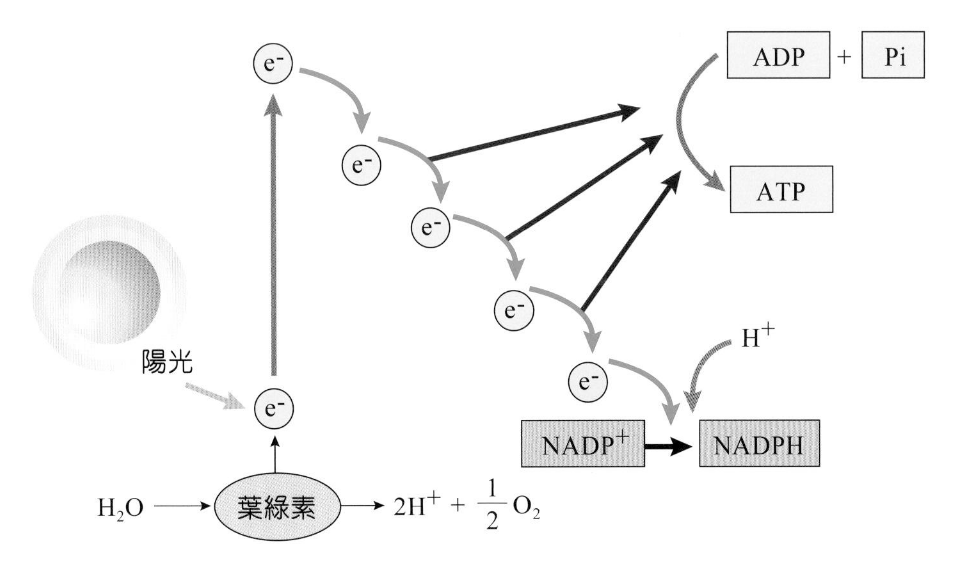

圖2-17　光反應

暗反應與光照無直接關係，這個過程發生於葉綠體的基質。來自於光反應所產生的ATP和NADPH可協助將二氧化碳轉變為葡萄糖，此為光合作用的最終產物。

◎ 影響光合作用的因素

植物進行光合作用的速率會受到二氧化碳濃度、水含量、陽光強度與溫度等因素的影響。

1. **二氧化碳濃度**：二氧化碳是光合作用中暗反應的原料，充足的二氧化碳有利於光合作用的進行。
2. **水含量**：水是光合作用中光反應的原料，充足的水分有利於光合作用的進行。
3. **陽光強度**：陽光是光合作用的能量來源，光線強度越大，光合作用的速率也會加快。
4. **溫度**：光合作用過程中有酵素的參與，酵素催化反應的速率與溫度有關，適宜的溫度才有利於光合作用的進行。

2-3 植物的生殖

植物的生殖方式可分為**無性生殖**與**有性生殖**兩種：

一、無性生殖

凡是不需要經過生殖細胞（精細胞和卵細胞）的結合，就可以產生下一代的生殖方式，即稱為無性生殖。植物的無性生殖主要包括營養生殖與孢子生殖等兩種方式（表2-1）。營養生殖指的是植物利用根、莖、葉等營養器官進行繁殖，例如甘藷用塊根繁殖，馬鈴薯用塊莖繁殖，洋蔥用鱗莖繁殖，石蓮和落地生根都是用葉繁殖。孢子生殖出現於蘚苔類與蕨類植物，這些植物能產生孢子，孢子落地萌發後即可長出新的個體（配子體）。

表2-1　植物的無性生殖

	繁殖構造	代表性植物
營養生殖	塊 根	圖2-18　甘 藷
	塊 莖	圖2-19　馬鈴薯

表2-1　植物的無性生殖（續）

	繁殖構造	代表性植物
營養生殖（續）	鱗莖	 圖2-20　洋蔥
	葉	 圖2-21　石蓮
	葉	 圖2-22　落地生根
孢子生殖	孢子	 圖2-23　蕨類

二、有性生殖

植物的有性生殖是指經由卵細胞和精細胞結合，而產生後代的方式。有性生殖過程會產生遺傳重組，可提高物種的遺傳變異，有利於適應環境。以常見的開花植物為例，一朵典型的花是由花冠、花萼、雄蕊和雌蕊四部分組成，具備上述四部分的花叫「完全花」（圖2-24），例如桃花、李花、牽牛花就是完全花；缺少任何一部分的花叫「不完全花」，例如楊、柳、油桐等的花就是不完全花。一朵花內既有雄蕊又有雌蕊的叫「兩性花」，例如百合、油菜等；一朵花內只有雄蕊或雌蕊的叫「單性花」，如玉米、南瓜、桑等。

開花植物之精細胞藏在雄蕊花藥的花粉粒內，而卵細胞則藏在雌蕊子房的胚珠內。當花粉粒傳到柱頭後，會產生花粉管，精細胞利用花粉管進入胚珠與卵細胞結合，受精以後，子房便發育成果實，而胚珠發育成種子，種子播種後就可產生下一代。

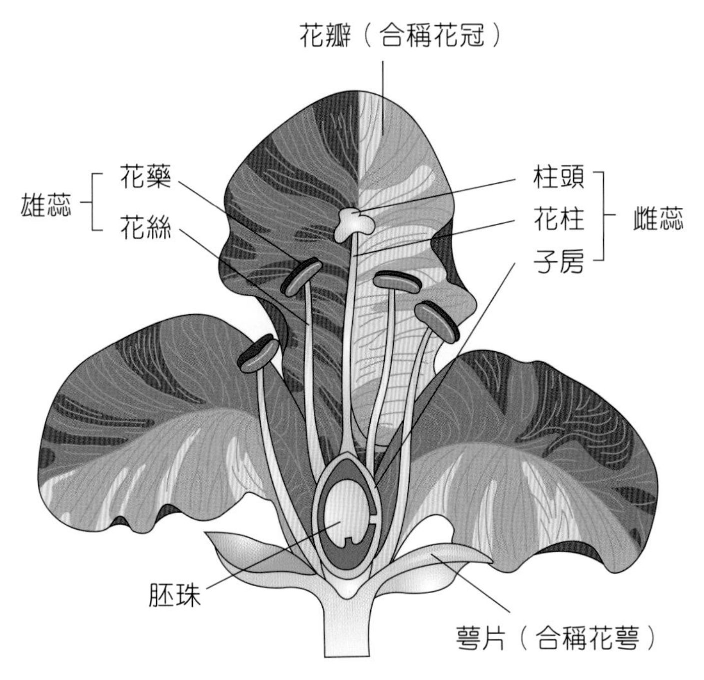

圖2-24　典型的花之構造

三、果實與種子的傳播

隨著果實種類的不同，植物散播種子的方法也有許多不同的形式：

（一）風力傳播

利用風力傳播的植物，種子必須要相當輕，或者是具有翅膀構造，例如蒲公英、松樹、楓樹等（圖2-25）。

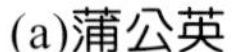

(a)蒲公英

(b)松 樹

(c)楓 樹

圖2-25　利用風力傳播的植物

（二）水力傳播

利用水力傳播的植物，果實或種子要有較小的比重，或具有中空構造，能浮於水面，例如椰子、棋盤腳、蓖麻等（圖2-26）。

(a)椰 子

(b)棋盤腳

(c)蓖 麻

圖2-26　利用水力傳播的植物

（三）動物傳播

有些果實味道甜美，能吸引動物採食，動物消化後將種子或排出體外，達到散播的目的，例如木瓜、芒果等。另外有些果實或種子有刺狀突起，能附著在動物身上傳播，例如鬼針草、蒺藜草、羊帶來等（圖2-27）。

(a)鬼針草

(b)蒺藜草

(c)羊帶來

圖2-27　利用動物傳播的植物

（四）自力傳播

植物以自己的力量傳播種子，這類植物往往果實成熟時會將種子彈跳開來，例如鳳仙花、酢漿草、沙盒樹（圖2-28）。

(a)鳳仙花

(b)酢漿草

(c)沙盒樹

圖2-28　自力傳播的植物

探討活動 ❷ 根、莖、葉構造的觀察

◎ 目 的

觀察植物的根、莖、葉，了解其構造與功能。

◎ 器 材

・光學顯微鏡

・單子葉植物根、莖、葉標本玻片

・雙子葉植物根、莖、葉標本玻片

◎ 步 驟

1. 採集日常生活容易取得的單子葉植物（例如玉米、稻子、五節芒）根、莖、葉與雙子葉植物（例如杜鵑、朱槿、榕樹）根、莖、葉等標本。
2. 使用顯微鏡分別觀察單子葉植物根與雙子葉植物根，將觀察結果畫圖，並比較其異同。
3. 使用顯微鏡分別觀察單子葉植物莖與雙子葉植物莖，將觀察結果畫圖，並比較其異同。
4. 使用顯微鏡分別觀察單子葉植物葉與雙子葉植物葉，將觀察結果畫圖，並比較其異同。

◎ 問題與討論

說明觀察到的單子葉植物與雙子葉植物根、莖、葉等構造的異同？

EXERCISE

一、選擇題

2-1

( ) 1. 植物的根之功能不包括下列哪一項：(A)吸收　(B)運輸　(C)蒸散　(D)固著。

( ) 2. 哪種植物具有軸根？(A)水稻　(B)蔥　(C)蒜　(D)綠豆。

( ) 3. 根的哪部份之細胞分裂能力特別旺盛？(A)根冠　(B)先端分生區　(C)延長區　(D)成熟區。

( ) 4. 哪項根的內部構造可以輸送水分與礦物質？(A)表皮　(B)皮層　(C)導管　(D)篩管。

( ) 5. 雙子葉植物莖由外而內依序有哪些部分？(A)表皮→皮層→維管束→髓　(B)表皮→髓→皮層→維管束　(C)表皮→髓→維管束→皮層　(D)表皮→皮層→髓→維管束。

( ) 6. 木本植物在何種生存環境下，莖中具有較明顯的年輪？(A)天寒地凍　(B)四季分明　(C)艷陽高照　(D)四季如春。

( ) 7. 下列哪種植物具有不完全葉？(A)白菜　(B)桃樹　(C)玫瑰　(D)朱槿。

( ) 8. 哪種變態葉可用以纏繞攀附：(A)針狀葉　(B)捲鬚葉　(C)鱗狀葉　(D)捕蟲葉。

( ) 9. 葉行光合作用的最主要區域是在哪裡？(A)柵狀組織　(B)葉脈　(C)保衛細胞　(D)表皮細胞。

( ) 10. 葉子上的保衛細胞可以構成何種構造？(A)葉脈　(B)導管　(C)篩管　(D)氣孔。

2-2

( ) 11. 植物行光合作用會吸收何種氣體？(A)二氧化碳　(B)氧氣　(C)氫氣　(D)氮氣。

( ) 12. 關於光合作用的敘述何者為非：(A)光反應於葉綠餅內進行　(B)暗反應在基質中進行　(C)光反應形成ATP　(D)暗反應放出O_2。

( ) 13. 光合作用的最終產物是什麼？(A) ATP (B)葡萄糖 (C)水 (D) NADPH。

( ) 14. 影響光合作用因素之一是溫度，這是因為光合作用過程中有何種物質參與？(A)酵素 (B)膽固醇 (C)維生素 (D)脂肪酸。

2-3

( ) 15. 甘藷以何種方式行無性生殖：(A)根 (B)莖 (C)葉 (D)果實。

( ) 16. 花的哪個部分會發育成種子？(A)胚珠 (B)子房 (C)花藥 (D)花柱。

( ) 17. 木瓜利用何種方式傳播？(A)風力 (B)水力 (C)動物 (D)自力。

( ) 18. 哪種植物自力傳播？(A)鳳仙花 (B)棋盤腳 (C)蒲公英 (D)蒺藜草。

( ) 19. 哪種植物具有捕蟲葉？(A)松樹 (B)槭樹 (C)豬籠草 (D)碗豆。

二、問答題

1. 根對植物有哪些功能？
2. 解釋木本植物之年輪的由來？
3. 典型的葉可分為哪三個部分？
4. 常見之變態葉有哪些？
5. 光合作用的反應方程式為何？
6. 植物進行光合作用的速率會受哪些因素的影響？
7. 典型的花包含哪些部分？

人體的生理

本章大綱

BIOLOGY

3-1 營養與消化

一、營養的需求

食物經人體消化後就變成對生物體維持生命與生長發育有用之物質，稱為營養素，可分為醣類、蛋白質、脂肪、維生素、礦物質與水等六大類。沒有一種食物含有人體需要的所有營養素，為了使身體能夠充分獲得各種營養素，飲食必須均衡，不可偏食。

（一）醣類 (Carbohydrate)

醣類又稱碳水化合物，是人體主要的能量來源，1公克的醣類可提供4大卡熱量，醣類存在於穀類和蔬果當中的澱粉，其能分解為單醣，尤其是葡萄糖，可直接由消化道吸收以提供能量，此為來自食物中最快速且直接的能量來源（圖3-1）。

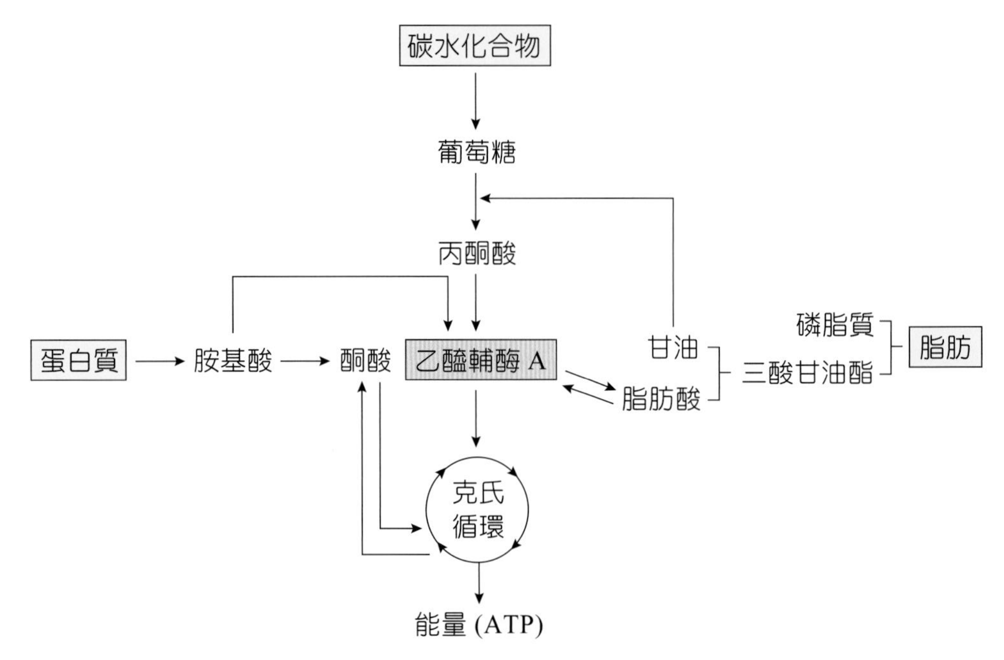

圖3-1　食物中所含的碳水化合物、蛋白質和脂肪皆能產生能量

（二）蛋白質 (Protein)

蛋白質是人體生長發育與修補組織的原料，同時也是人體含量最多的有機物，1公克的蛋白質可提供4大卡熱量。食物中的蛋白質要先被分解成胺基酸方能被人體所利用，人體能消化吸收以及利用的胺基酸有22種，但是其中有9種胺基酸人體無法自行製造，必須從食物中攝取，稱為**必需胺基酸(essential amino acids, EAA)**，包括：(1)苯丙胺酸(phenylalanine)；(2)纈胺酸(valine)；(3)蘇胺酸(threonine)；(4)色胺酸(tryptophan)；(5)異白胺酸(isoleucine)；(6)白胺酸(leucine)；(7)甲硫胺酸(methionine)；(8)離胺酸(lysine)；(9)組胺酸(histidine)。

（三）脂肪 (Lipid)

脂肪是產生熱量最多的營養素，1公克的脂肪可產生9大卡熱量。脂肪可分成飽和脂肪與不飽和脂肪兩種，動物性脂肪如牛油、豬油多屬飽和脂肪，在室溫下為固態，多食易導致動脈阻塞；植物性脂肪如沙拉油、橄欖油多屬不飽和脂肪，在室溫下為液態。

（四）維生素 (Vitamin)

維生素是一種維持人體正常生理功能的有機物，除了維生素D人體可以自行合成以外，其餘的維生素均需自食物中攝取。其中能溶解於脂肪者稱脂溶性維生素，能溶解於水者稱水溶性維生素，若攝食過量的水溶性維生素，超過的量可經尿液排除，但攝食過量的脂溶性維生素，會累積在人體而具有危險性（表3-1）。

（五）礦物質 (Mineral)

礦物質是一種可維持人體正常生理功能的無機物。缺少礦物質可能會導致身體異常情況的出現，例如缺乏鈣質會造成骨質疏鬆，缺乏鐵質會造成貧血，缺乏碘會造成甲狀腺囊腫等（表3-2）。

表3-1 維生素的功能及食物來源

維生素	主要功能	每日參考攝取量	主要缺乏症	食物來源
水溶性維生素				
維生素B_1	1. 增加食慾 2. 醣類代謝所必需 3. 促進腸胃蠕動及消化液的分泌 4. 預防及治療腳氣病、神經炎	8.9~1.2 mg	神經炎、腳氣病、食慾不振、消化不良	全穀類、雜糧、胚芽、酵母、肝臟、瘦肉、豆類、蛋黃、蔬菜
維生素B_2	1. 活細胞中氧化及還原作用 2. 促進生長發育 3. 防止皮膚、口腔及眼睛發生病變	1~1.3 mg	口角炎、舌炎、唇炎、脂漏性皮膚炎	乳製品、蛋、酵母、內臟、豆類、瘦肉、綠葉蔬菜
維生素B_{12}	1. 促進核酸形成 2. 預防惡性貧血	2.4 μg	惡性貧血、神經病變	動物性食物（內臟、肉、奶類）、乳製品、蛋
維生素C	1. 參與結締組織中膠原蛋白合成，使細胞保持良好狀況 2. 增加免疫能力，幫助傷口癒合 3. 防止細胞氧化 4. 增加對傳染病的抵抗力	100 mg	壞血病、血管脆弱、皮下出血、傷口癒合緩慢	深綠及深黃色蔬菜、柑橘類水果、番茄、馬鈴薯
菸鹼酸	1. 醣類分解過程中輔助酵素的主要成分 2. 維持皮膚及神經系統健康	14~16 mg NE	癩皮病、皮膚和腸道病變	肝臟、紅色的肉、全穀類、酵母、綠色蔬菜、乳製品
葉 酸	1. 幫助血液形成，預防惡性貧血 2. 促進核酸及核蛋白的合成	400 μg	惡性貧血	全穀類、豆類、蛋、綠色蔬菜、酵母、肝臟

表3-1　維生素的功能及食物來源（續）

維生素	主要功能	每日參考攝取量	主要缺乏症	食物來源
脂溶性維生素				
維生素A	1. 維持正常視覺，增強暗光適應能力 2. 維持上皮細胞組織的健康	500~600 μg RE	夜盲症、上皮組織乾燥、乾眼症、免疫能力降低	肝臟、蛋黃、乳製品、黃綠色蔬菜及水果
維生素D	1. 調節鈣磷代謝 2. 促進牙齒和骨骼的正常生長	5~10 μg	・兒童：佝僂症 ・成人：骨質疏鬆症	魚肝油、肝臟、蛋黃、乳製品
維生素E	1. 捕捉自由基，防止細胞氧化 2. 維持動物生殖機能	12 mg α-TE	溶血性貧血、不孕症	植物油、肉、全穀類胚芽、蛋黃、綠葉蔬菜、堅果類
維生素K	構成凝血酶原的物質，幫助血液凝固	90~120 μg	易出血並使血液凝固時間延長	綠葉蔬菜、肝臟、蛋黃

表3-2　礦物質的功能及食物來源

礦物質	主要功能	每日參考攝取量	主要缺乏症	食物來源
鈣	1. 構成骨骼、牙齒主要成分 2. 調節心臟肌肉收縮 3. 幫助血液凝固，活化酵素 4. 維持神經正常感應與傳導	1,000 mg	・兒童：佝僂症、牙齒損壞或脫落 ・成人：骨質軟化症或骨質疏鬆症	乳製品、帶骨魚類、深綠色蔬菜、豆類及其製品
鉀	1. 調節神經、肌肉感受性 2. 維持血液酸鹼平衡	4,700 mg	・高血鉀：心律不整、疲倦、呼吸困難 ・低血鉀：肌肉無力、心搏加快	瘦肉、內臟、全穀、香蕉、橘子、柳橙、芭樂、菠菜、莧菜
鈉	1. 調節血液及體液酸鹼平衡 2. 維持體液滲透壓 3. 調節神經與肌肉的感受性	500 mg	噁心、疲倦、酸鹼不平衡、痙攣	食鹽及其加工品、海產食物如蛤蜊及牡蠣
鐵	1. 構成血紅素的主要成分 2. 部分酵素的合成因子	10~15 mg	缺鐵性貧血及伴隨疲倦、抵抗力降低、發育不良等	肝臟、內臟、瘦肉、蛋黃、全穀類、乳製品、綠葉蔬菜、葡萄乾
碘	1. 為甲狀腺素的主要成分，具有調節新陳代謝的功能 2. 與細胞的生長發育有關 3. 影響血中膽固醇的濃度	140 μg	皮膚粗糙、出現高血脂、甲狀腺腫大、嬰兒會發生呆小症	海帶、紫菜、髮菜、海產

（六）水 (Water)

水是六大營養素中最迫切需要的，因為水占人體重約70%，生化反應大多必須在水中進行，缺乏水的補充，生命會迅速面臨危險。如果人同時缺乏食物和水，便會在餓死之前先死於缺水狀態。

二、食物的消化與養分的吸收

動物必須攝食，藉由消化作用將食物分解為小分子，小分子由消化系統吸收後，再經由循環系統運送給全身各細胞利用。

人的消化道由口、咽、食道、胃、小腸與大腸組成（圖3-2），全長約6~10公尺。消化道與牙齒、舌、肝臟、膽囊、胰臟構成消化系統。

食物進入口中時，消化作用即開始進行，唾液中的澱粉酶可分解澱粉，接著藉由吞嚥將食團送入食道，食道的肌肉會蠕動，將食物往下推擠通過賁門而進入胃，胃液內含有鹽酸與胃蛋白酶原，鹽酸可殺死存在食物中的微生物，亦可將胃蛋白酶原轉變為胃蛋白酶，胃蛋白酶可用來分解蛋白質。

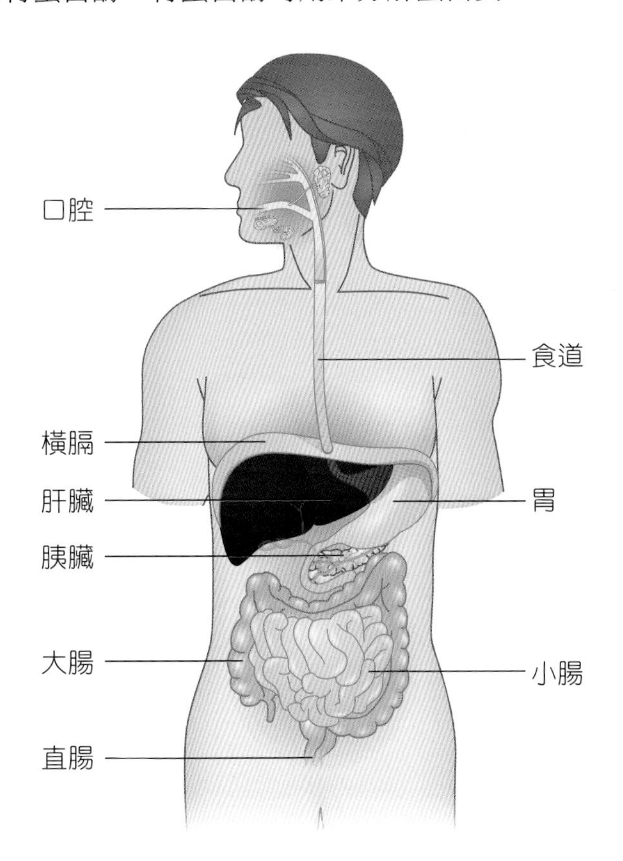

▲ 圖3-2　人類的消化系統

在胃中食團軟化為液狀的食糜，通過胃的幽門而抵達小腸，在小腸中，有肝臟分泌的膽汁、胰臟分泌的胰液以及小腸本身分泌的消化液共同進行消化作用，膽汁可乳化脂肪，胰液以及腸液含有多種酵素，能分解醣類、脂肪與蛋白質，最後食物被完全消化為單醣、三酸甘油酯與胺基酸等小分子，這些小分子被小腸內壁的**絨毛(villi)**吸收，進入血管或淋巴管中，經由循環系統運送給全身各細胞利用。剩下無法消化的食物殘渣進入大腸，形成糞便之後由肛門排出體外。

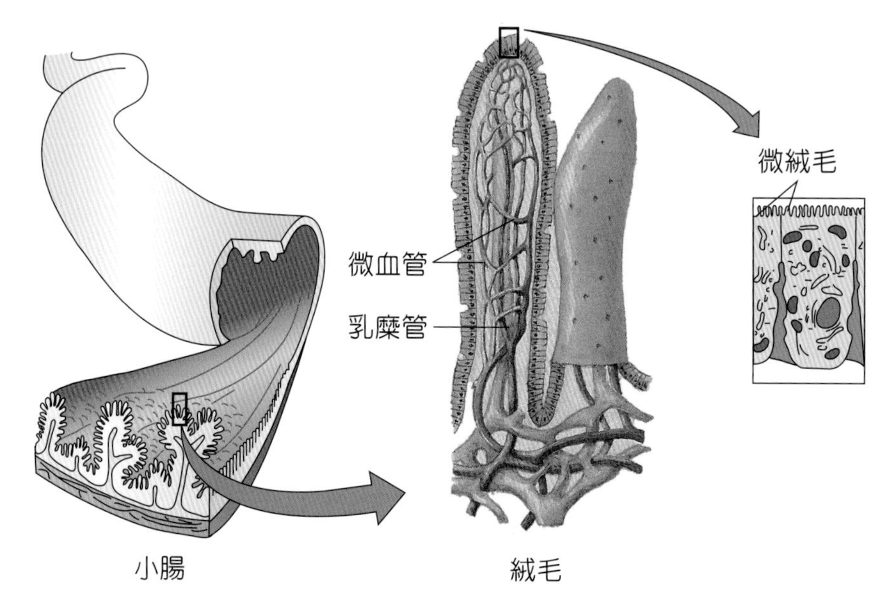

圖3-3　小腸上的吸收構造—絨毛與微絨毛，可加大吸收養分的表面積，營養物質可被吸收至血管或淋巴管中

3-2 呼吸與排泄

一、呼吸運動與氣體交換

人體由鼻吸入空氣，氣體通過鼻腔、咽喉，進入氣管、支氣管、細支氣管，最後抵達肺臟，在肺臟的**肺泡(alveoli)**進行氣體交換。

鼻腔的鼻毛可過濾空氣，鼻黏膜可潤濕空氣。咽是呼吸道與消化道的交會處，其中有會厭軟骨負責調控呼吸道與消化道的開關，當吞嚥進行時，會厭軟骨由垂直狀變成水平狀，因而將喉門關閉，避免食物進入呼吸道。喉部有聲帶，人藉由聲帶的振動因而發聲。氣管內壁細胞可分泌黏液，能粘連進入呼吸道的灰塵，再藉由纖毛向上擺動，將灰塵咳出體外。

肺由肺泡組成，由於肺泡數量眾多，使得肺部擁有一個相當於網球場那麼大的表面積可以進行氣體交換。肺泡壁很薄且表面密布著微血管，氧與二氧化碳可經由擴散作用進行氣體交換，肺泡將得自外界的氧送至血液中，並將來自血液中的二氧化碳輸出體外（圖3-4）。

人吸氣時，橫膈與肋間肌收縮，使得肋骨上舉，胸腔擴大，肺也膨大，造成胸內壓與肺內壓降低，氧氣便自外界吸入體內。呼氣時，橫膈與肋間肌舒張，胸腔變小，造成胸內壓與肺內壓升高，而使肺中的二氧化碳排出體外（圖3-5）。

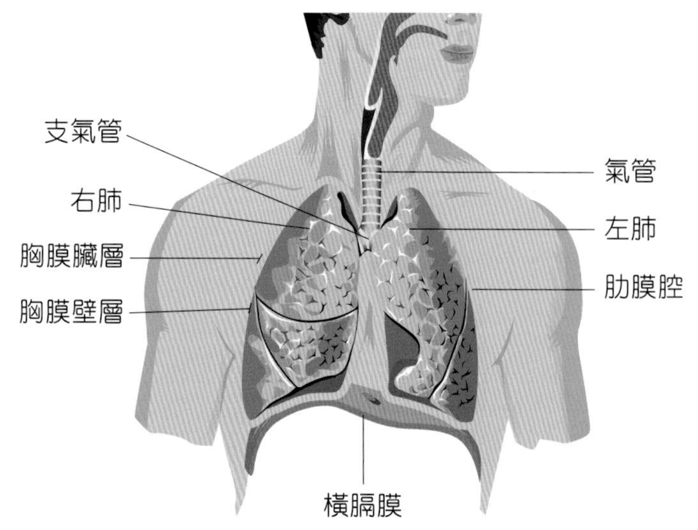
支氣管
氣管
右肺
左肺
胸膜臟層
肋膜腔
胸膜壁層
橫膈膜

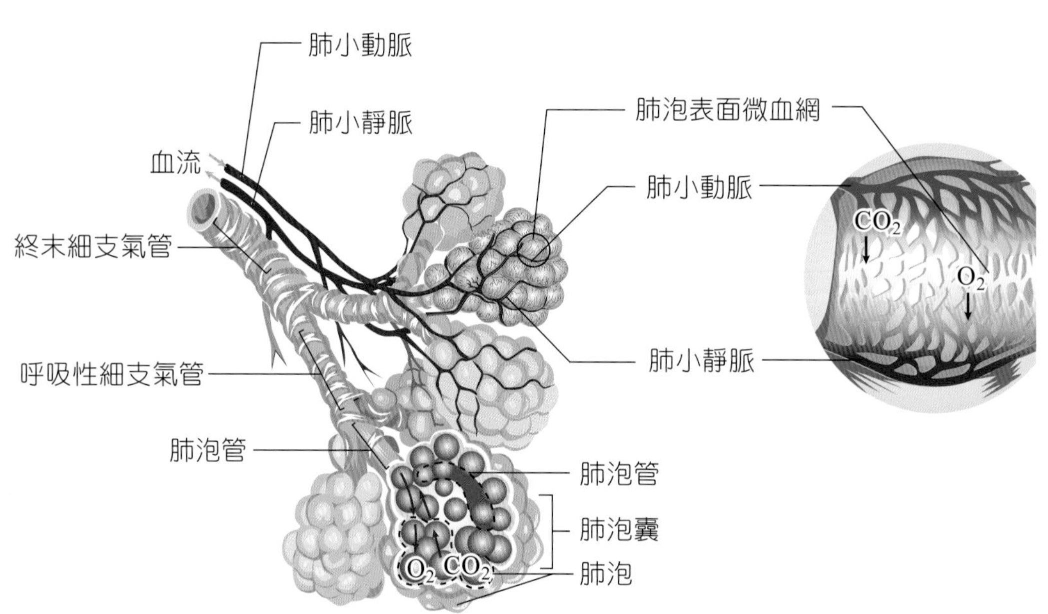
肺小動脈
肺小靜脈
肺泡表面微血網
血流
肺小動脈
終末細支氣管
CO_2
O_2
肺小靜脈
呼吸性細支氣管
肺泡管
肺泡管
肺泡囊
O_2 CO_2
肺泡

▲ 圖3-4　人類的呼吸系統

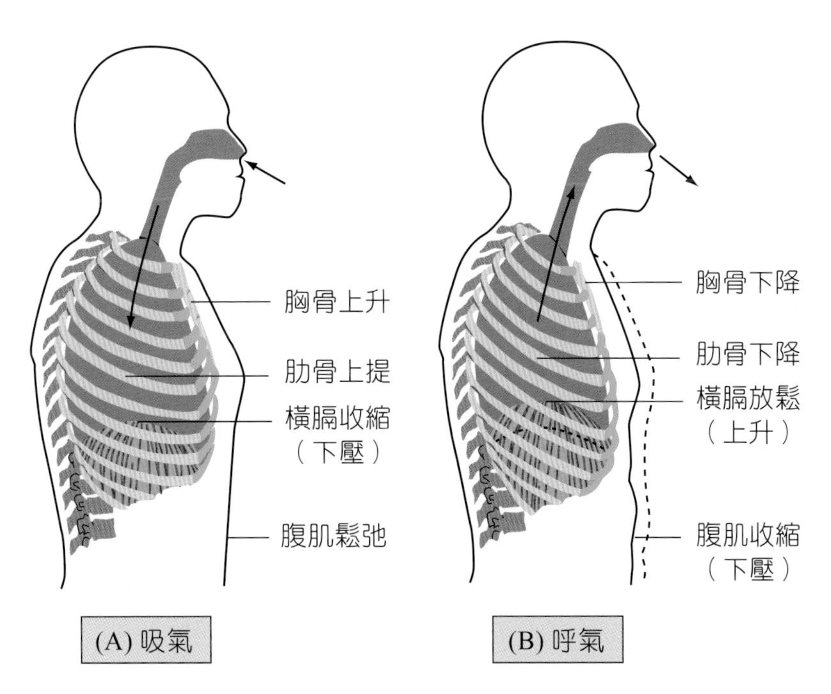

圖3-5　呼吸作用，胸腔與肺的變化情形

二、腎臟的功能

腎臟是人體的排泄器官，能移除血液中多餘的水分與廢物，以尿液的形式排出體外。人體的腎臟是成對的，位於腹腔後壁，左右各一（圖3-6）。

腎臟製造尿液的功能單位稱為**腎元(nephron)**，每一個腎臟約含有一百萬個腎元，每一個腎元由**腎小體(renal corpuscle)**與**腎小管(renal tubule)**組成。腎小體可過濾血液形成濾液，濾液經腎小管再吸收、濃縮與分泌之後，形成尿液，匯入集尿管，尿液進入腎盂、輸尿管之後，暫時儲存在膀胱，當膀胱中的尿液累積到一定的量，最後經由尿道排出體外。

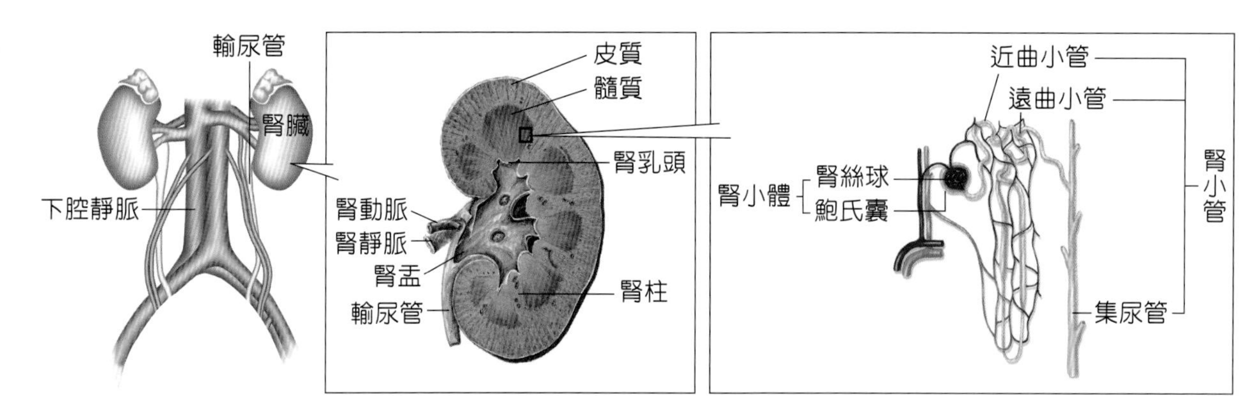

圖3-6 人類的排泄系統

◎ 腎衰竭

腎衰竭是指正常的腎臟在受到某種原因的傷害後，原有的正常功能突然消失，導致水、代謝廢物的排泄發生障礙的一種狀況。造成腎衰竭的原因很多，例如亂服成藥，尤其是好幾種成藥一起混合著吃，可能會使腎臟負荷不了而引發腎衰竭，另外長期憋尿會使大量細菌在尿道聚集，引起尿道感染，嚴重者可能進一步引發腎衰竭。腎衰竭患者因體內廢物無法排出而導致尿毒症，會有精神不好、體力不佳、體重減輕、食慾降低、貧血、氣喘、噁心、嘔吐、神智不清等現象，嚴重者還會導致死亡。

3-3 循環與免疫

一、循環系統

人體的循環系統包括血管、血液和心臟。血管為血液流通路徑，心臟可推動血液在血管中流動。循環系統能將養分與氧氣送給人體的每個細胞，細胞亦能藉由循環系統帶離不要的廢物與二氧化碳。

（一）血 管

血管可分成**動脈(artery)**、**靜脈(vein)**與**微血管(capillary)**三種。動脈負責將血液由心臟帶出，具有厚的管壁可承受較大的血壓；靜脈負責將血液帶回心臟，由於靜脈血液來自微血管且距離心臟較遠，所以血壓較低，必須靠靜脈內的瓣膜與肌肉運動時的壓力，使血液流回心臟（圖3-7、3-8）。微血管是介於小動脈與小靜脈間的微細血管，其管壁相當薄，可藉由擴散作用使細胞與血液交換物質。

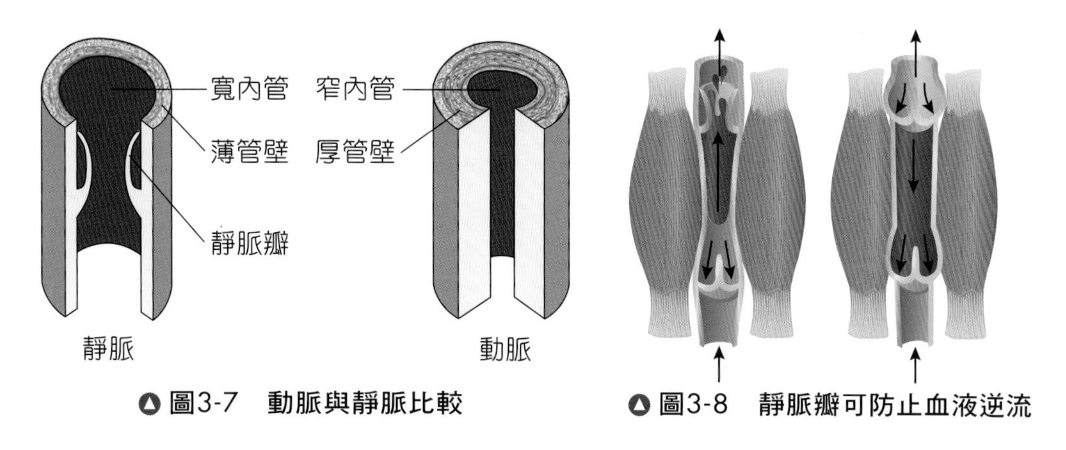

圖3-7　動脈與靜脈比較

圖3-8　靜脈瓣可防止血液逆流

（二）心臟

人的心臟有兩個**心房(atrium)**及兩個**心室(ventricle)**，心房收集靜脈回流的血液，心室收縮使血液離開心臟（圖3-9、3-10）。心房與心室之間具有房室瓣，可防止血液從心室逆流回心房。心室與動脈之間亦有瓣膜，可防止血液逆流回心臟，其中左心室與主動脈之間有主動脈瓣，又稱半月瓣，右心室與肺動脈之間有肺動脈瓣。

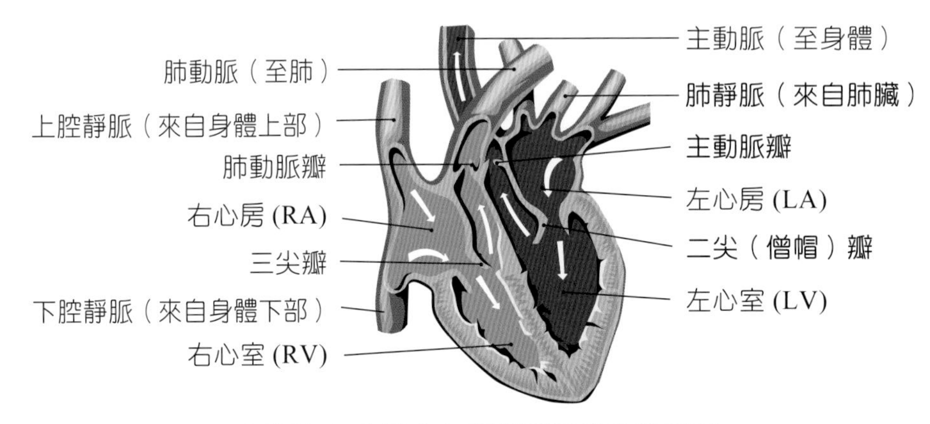

圖3-9 血液在心臟各腔室的流動情形

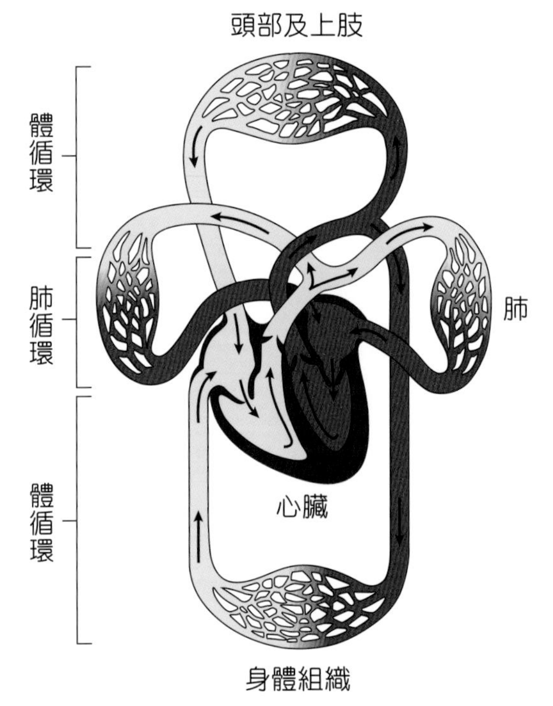

圖3-10 體循環與肺循環

◎ 體循環

血液循環的路徑包括體循環與肺循環。體循環又稱大循環，起始於左心室，來自於肺循環的充氧血經由左心室的收縮流入主動脈，主動脈分支成小動脈，小動脈再不斷地分支，最後和微血管相連，將充氧血送給全身組織細胞利用，帶回代謝產物及二氧化碳，微血管收集經過氣體交換後的缺氧血，進入小靜脈，再集合匯入上、下腔靜脈，進入右心房，完成體循環。其循環途徑如下：

充氧血由左心室流出 → 主動脈 → 小動脈 → 微血管（進行氣體交換，充氧血變成缺氧血）→ 小靜脈 → 上、下腔靜脈 → 右心房

◎ 肺循環

肺循環起始於右心室，來自於體循環的缺氧血經由右心室的收縮流入肺動脈，肺動脈不斷地分支，最後和肺微血管相連，與肺泡組織進行氣體交換，釋出二氧化碳並獲得氧氣，充氧血最後經由肺靜脈進入左心房，完成肺循環。其循環途徑如下：

缺氧血由右心室流出 → 肺動脈 → 肺小動脈 → 肺微血管（進行氣體交換，缺氧血變成充氧血）→ 肺小靜脈 → 肺靜脈 → 左心房

（三）血液的組成與功能

血液有三種功能：

1. **運輸**：血液能運輸養分、廢物和氣體。
2. **恆定**：血液能維持人體恆定的內在環境，例如血液酸鹼值維持在pH=7.4左右。
3. **防禦**：血液中某些成分能抵抗疾病、保護身體，產生防禦功能。

血液由**血漿(plasma)**與**血球(blood cell)**兩部分組成，血漿約占血量的55%，血球約占血量的45%。血漿的成分絕大部分是水，其中溶解的物質主要是血漿蛋白，另外還包括葡萄糖、礦物質、激素、二氧化碳等物質。血漿的主要功能是運載血球，同時也是運輸分泌產物的主要媒介。

血球包括**紅血球(erythrocyte)**、**白血球(leukocyte)**與**血小板(platelet)**等三種。

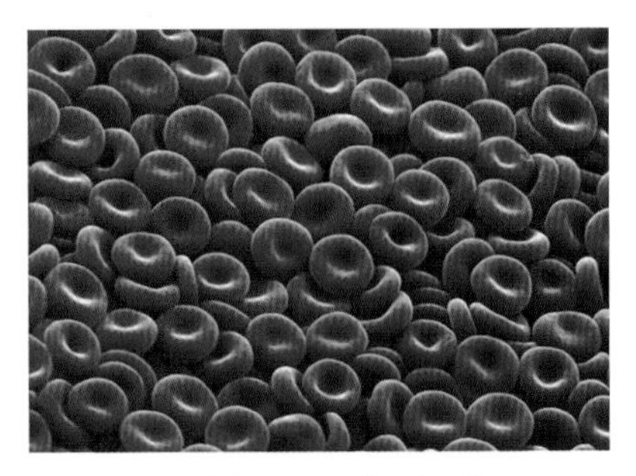
圖3-11 紅血球

1. **紅血球**：含有血紅素，可攜帶氧，不具細胞核，呈雙凹圓盤狀（圖3-11）。每毫升的血液中約有500多萬個，長期住在空氣稀薄的高山居民，紅血球數目也會較多。
2. **白血球**：可協助身體抵抗病原體的入侵，有許多種類，有的可以吞掉入侵的病菌，有的可以製造抗體，抗體是一種蛋白質，可攻擊入侵的病菌，故白血球可說是人體的防衛部隊，每毫升的血液中約有5,000~9,000個。
3. **血小板**：可使傷口的血液凝固，當血小板遇到受傷的組織所放出的化學物質時，就會變大，而且形狀變得不規則，並引起一連串的反應，使血液凝固，每毫升的血液中約有25萬~40萬個。

二、專一性防禦與非專一性防禦

人體對病原體的防禦機制可分成兩大類：**非專一性防禦(nonspecific response)**與**專一性防禦(specific response)**。非專一性防禦以相同的機制對抗所有入侵人體的物質或病原體，而專一性防禦是一種選擇性的防禦機制，用以對抗特定的入侵者。

（一）非專一性防禦

人體的非專一性防禦構造包括皮膚、黏膜、吞噬細胞等。皮膚是抵抗病原體的第一道防線，在皮膚上還有油脂與酵素，可以抑制細菌與黴菌的生長。此外汗水、眼淚、唾液中含有溶菌酶，可以破壞細菌的細胞壁。

黏膜組織主要分布在消化道、呼吸道的表面，黏膜不僅能抓住入侵的微生物，有些（如呼吸道）能靠著纖毛的擺動將異物排除。在消化道中的胃酸能將隨食物進來的微生物殺死。

雖然皮膚、黏膜等非專一性防禦構造形成堅強的屏障，但是病菌有時仍能突破這些屏障進入人體，一旦有病原體進入人體，會引發身體的發炎反應，發炎的部位會產生紅、腫、熱、痛等現象。發炎反應起因是受傷的組織細胞釋放**組織胺(histamine)**，引起血管擴張、血流加速、血管通透性增加及白血球遷移至發炎部位，進而吞噬病原體（圖3-12）。

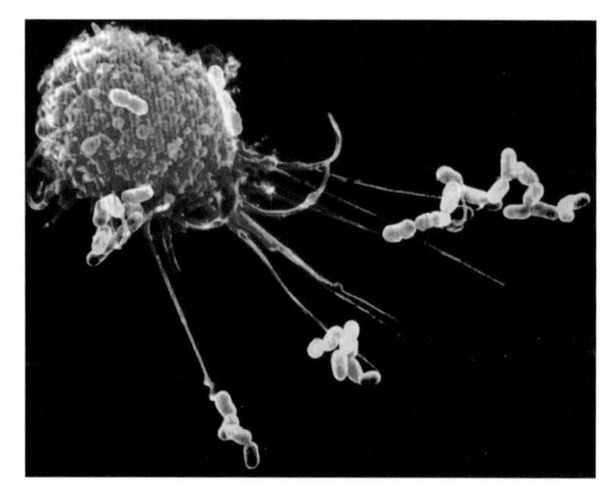

圖3-12 巨噬細胞（白血球的一種）正在捕捉細菌

（二）專一性防禦

白血球當中的淋巴球在專一性防禦中扮演關鍵的角色，淋巴球共有兩類，一類是B細胞，另一類是T細胞。

B細胞又可分成漿細胞與記憶細胞兩種。漿細胞可分泌抗體，專一性攻擊外來病原體；記憶細胞能夠記得曾經侵入人體的抗原，當再有相同的抗原侵入人體時，就能快速引起免疫反應。由於抗體在血液與其他的體液中循環，其作用稱為**體液性免疫反應(humoral immunity)**。

T細胞在**胸腺(thymus)**內分化成熟，成熟後移居於周圍淋巴組織。T細胞可分成輔助T細胞、抑制T細胞、細胞毒性T細胞三種。輔助T細胞增強免疫反應，抑制T細胞降低免疫反應，細胞毒性T細胞辨識感染的細胞或癌細胞，並破壞其細胞膜，其作用稱為**細胞性免疫反應(cellular immunity)**。

3-4 神經與衝動

人類的神經系統可分為中樞神經系統與周圍神經系統兩部分。因為神經系統的運作，我們才能夠感應外界的環境變化而產生適當的反應，並且產生思考、記憶、情緒變化等能力。

一、中樞神經系統

中樞神經系統包含**腦(brain)**和**脊髓(spinal cord)**，腦部可分為前腦、中腦、後腦三個部分（圖3-13、表3-3）。

（一）腦

前腦包括大腦、視丘與下視丘。大腦為意識中樞，分為左右兩半球，左大腦半球控制右半身的活動；右大腦半球控制左半身的活動。視丘為神經訊息轉接中心。下視丘與體內恆定作用有關，負責調節心跳速率、血壓、體溫及腦下腺，並且控制性慾、飢餓、口渴等慾望。視丘與下視丘合稱間腦。

中腦連接後腦與前腦，視覺反射中樞與聽覺反射中樞均位於中腦。

後腦包含小腦、橋腦與延腦三部分。小腦可協調全身肌肉的活動，以維持身體的平衡，有平衡中樞之稱；橋腦與呼吸的調節有關；延腦控制呼吸、心跳、唾腺分泌、胃腸蠕動、血管收縮、吞嚥、咳嗽、嘔吐等現象，有生命中樞之稱。

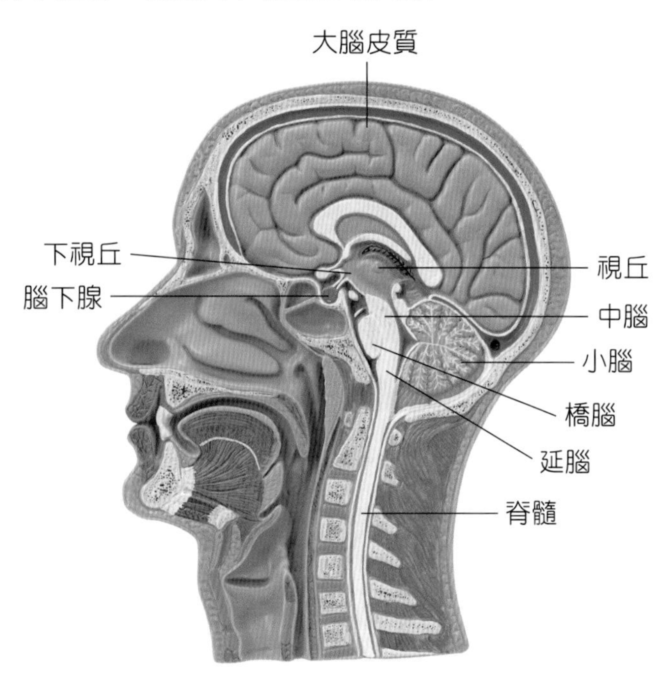

圖3-13 人腦的結構

表3-3　人腦的主要構造與功能

構造		功能
前腦	大腦	・皮質負責意識、語言、記憶、感覺等功能 ・髓質內的胼胝體可連接左右兩半大腦
	視丘	神經訊息轉接中心，連結腦內不同的區域
	下視丘	與體內恆定作用有關，負責調節心跳速率、血壓、體溫、性慾、飢餓、口渴等
中腦		連接後腦與前腦，視覺與聽覺的反射中樞
後腦	小腦	全身肌肉的平衡與協調
	橋腦	調節呼吸
	延腦	控制呼吸、心跳、唾腺分泌、胃腸蠕動、血管收縮、吞嚥、咳嗽、嘔吐等現象

（二）脊髓

脊髓位於脊柱內，有兩個主要功能，第一是腦部神經訊息的傳入或傳出都要透過脊髓傳遞，第二是脊髓可作為**反射(reflex)**中樞。反射動作可使訊息不需經過大腦判斷，環境刺激只需傳到脊髓即可在最短時間內做出反應，因此可以保護人體避免受到更嚴重的傷害，例如手摸到很燙的熱水，在未感覺到燙就會立刻把手縮回來，這就是反射動作（圖3-14）。

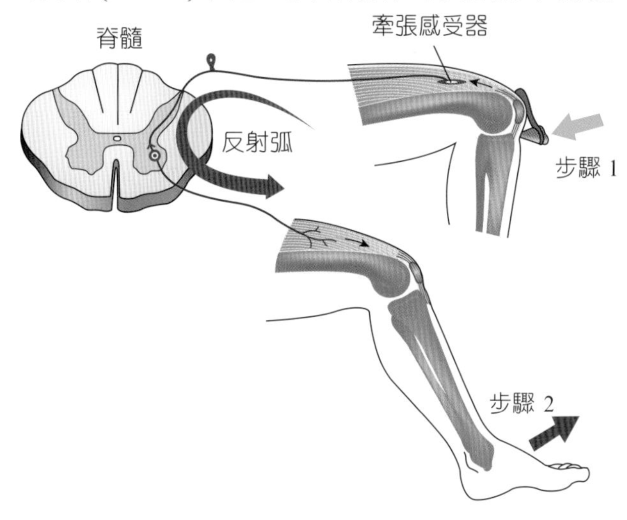

圖3-14　反射動作

二、周圍神經系統

周圍神經系統是指在中樞神經以外的神經纖維，包括體神經與自主神經。體神經分布在軀體，可分為腦神經與脊神經，從腦發出的神經稱為腦神經有12對，從脊髓發出的神經稱為脊神經有31對。

自主神經分布在心、肺、消化道與其他內臟，可分為交感神經與副交感神經，兩種神經互相拮抗。交感神經在有壓力的時候其作用占優勢，可促使心跳加快、呼吸加速、血壓上升、血糖升高、消化作用減緩等，使人得以應付緊急情況。副交感神經在休息時其作用占優勢，可促使心跳變慢、呼吸減緩、血壓下降、血糖下降、消化作用變快，使身體達到休息的狀態。交感神經與副交感神經的交互作用剛好可以使人既可以應付壓力又可以獲得休息，當交感神經過度刺激時，副交感神經自然會出現緩和的效應，以使身體達到平衡狀態。

◎隨意運動

人體有心肌、平滑肌與骨骼肌等三種肌肉類型，其中心肌與平滑肌不能隨意識的控制，稱為不隨意肌，骨骼肌可隨意識的控制，稱為隨意肌。心肌構成心臟，平滑肌構成內臟，交感神經與副交感神經分布在其中，產生拮抗效果，例如交感神經促使心跳加快，副交感神經促使心跳變慢。骨骼肌能夠受到意識的控制而產生運動，大多數骨骼肌成對配置在構成關節的二塊骨骼上，運動時肌肉互相拮抗，當一條肌肉收縮時，另一條肌肉就會呈現舒張的狀態，藉以完成隨意運動（圖3-15）。

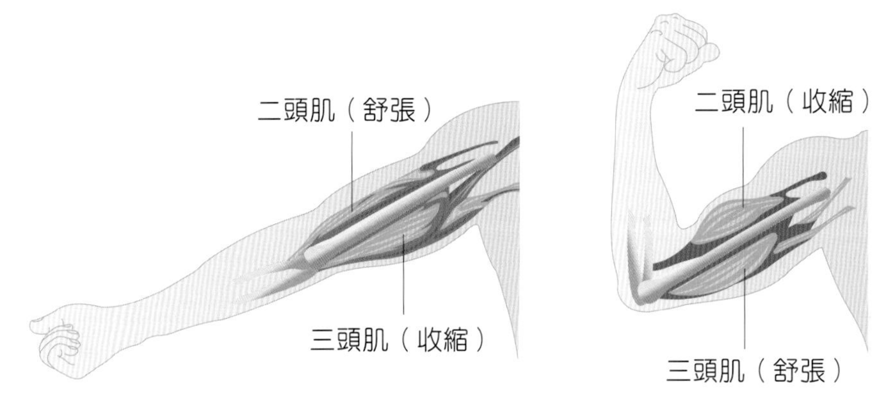

▲ 圖3-15 肌肉的拮抗作用

你知道嗎？

臉部表情是藉著神經與肌肉間複雜的協調運作來展現。微笑和皺眉是人類共同的表情語言，但你知道嗎？微笑比皺眉頭容易，皺眉平均要動用到43條肌肉，微笑則平均只用到17條肌肉。

(a) 微笑

(b) 皺眉

3-5 激素與協調

一、激素的定義

激素(hormone)又稱為**荷爾蒙**，是由人體**內分泌腺(endocrine gland)**所分泌的化學物質，直接被釋放到血液中，經由循環系統運送到目標器官，進而影響特定細胞的代謝作用。所以激素的功能是用來調節體內的生理活動，有些激素與恆定作用有關，例如血糖的恆定；有些激素會造成永遠的生理改變，例如生長發育；有些激素能用來應付緊急狀況等。

內分泌腺主要包括甲狀腺、副甲狀腺、胰臟、腎上腺、胸腺、腦下腺、卵巢與睪丸等（圖3-16），內分泌腺沒有輸送管來運送激素，所以也稱為無管腺，和消化腺、汗腺和淚腺等具有輸送管的**外分泌腺(exocrine gland)**（又稱為有管腺）不同。

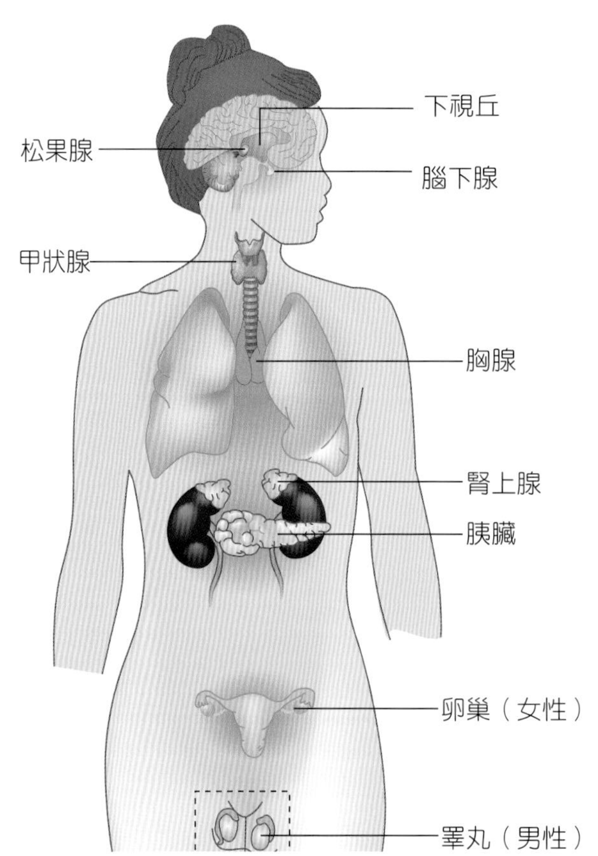

圖3-16　人體的主要內分泌腺體

二、激素的分泌與協調作用

人體內的生理機能主要依靠內分泌腺分泌量的多寡來調節（表3-4），若分泌異常反而會造成疾病出現，例如胰島素分泌不足，無法調節血糖，導致糖尿病產生；生長激素分泌不足，造成侏儒症，若分泌過量，會造成巨人症；副甲狀腺素分泌過量，造成鈣質流失。所以激素的量應被精確調節，以維持人體生理機能正常的運作。

表3-4 人體主要內分泌腺與其分泌激素

腺體	激素	生理功能
腦下腺前葉	生長激素	促進體內細胞組織和骨骼之生長
	促腎上腺皮質激素	促進腎上腺皮質分泌腎上腺皮質荷爾蒙，影響蛋白質、醣類及脂肪的代謝，水分與電解質平衡和促進第二性徵發育
	甲狀腺刺激素	刺激甲狀腺合成及分泌甲狀腺素及三碘甲狀腺素，進而加速新陳代謝速率。增加甲狀腺的體積
	催乳素	促進乳腺的生長發育及分泌乳汁
	濾泡刺激素	1. 促進卵巢內濾泡的成熟，分泌動情素 2. 促進睪丸內精子的成熟
	黃體生成素	1. 促進卵巢分泌黃體素 2. 促進睪丸分泌睪固酮
腦下腺中葉	黑色素細胞激素	調節兩生類和爬蟲類的膚色，使皮膚變黑，能在黑暗中偽裝
腦下腺後葉	抗利尿激素或血管升壓素	1. 促進腎臟保留水分，減少尿液 2. 濃度高時，可使全身血管收縮而使血壓升高
	催產素	1. 分娩過程中使子宮收縮 2. 刺激乳腺，在嬰兒吸吮時釋出乳汁
甲狀腺	甲狀腺素	促進細胞生長與發育，增加新陳代謝
	降鈣素	調節血中鈣離子濃度
副甲狀腺	副甲狀腺素	促進鈣離子從骨骼中游離，使血鈣上升
睪 丸	睪固酮	刺激精子與第二性徵的發育

表3-4 人體主要內分泌腺與其分泌激素（續）

腺體	激素	生理功能
卵 巢	1. 動情素 2. 黃體素	增加及維持子宮內膜厚度，刺激第二性徵發育
腎上腺皮質	糖皮質素	提升血糖濃度
	醛固酮	促進鈉離子再吸收
腎上腺髓質	腎上腺素	刺激交感神經作用
胰 臟	胰島素	促進葡萄糖吸收，形成肝醣，降低血糖濃度
	升糖素	促進肝醣分解為葡萄糖，提升血糖濃度
心 臟	心房利鈉因子	促進鈉離子排出

人的恆定現象往往受到激素的調控，以血糖的恆定為例，胰臟分泌胰島素和升糖素，參與血糖恆定的調控。當血糖過高，例如飯後，這時胰臟會分泌胰島素，促使血液中的葡萄糖轉化為肝醣，儲存在肝臟，故能降低血糖的濃度；當血糖過低，例如飢餓，這時胰臟會分泌升糖素，作用和胰島素相反，促進肝臟所儲存的肝醣分解為葡萄糖，並釋放到血液中，提高血糖的濃度（圖3-17）。

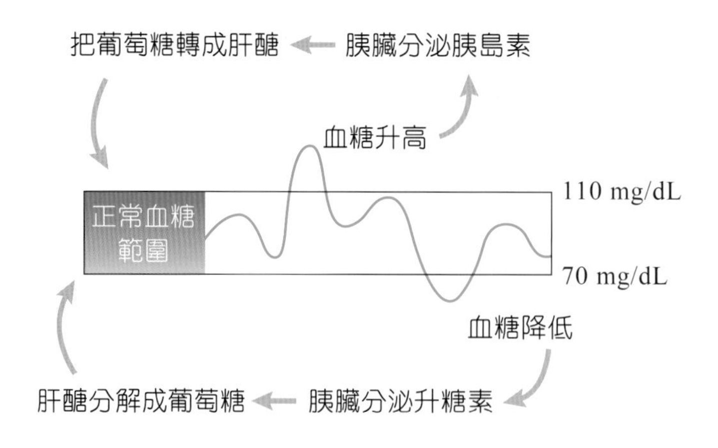

圖3-17 血糖恆定的調控過程

3-6 生殖與胚胎發生

生殖系統

(一)男性生殖系統

男性生殖系統包括睪丸、陰囊、生殖管道、附屬腺體與陰莖(圖3-18)。睪丸包被於陰囊內,可產生精子和雄性素(睪固酮),副睪丸位於睪丸上端,可以儲存成熟的精子。射精時,精子先被運送到輸精管,藉由輸精管的收縮驅使精液到達尿道,最後由陰莖射出。陰莖為傳送精子至女性生殖系統的器官,在性興奮時,陰莖的海綿組織充滿血液,造成陰莖勃起。附屬腺體包括儲精囊、攝護腺(又稱前列腺)和尿道球腺。這些腺體的分泌物和精子一起組成精液(表3-5)。

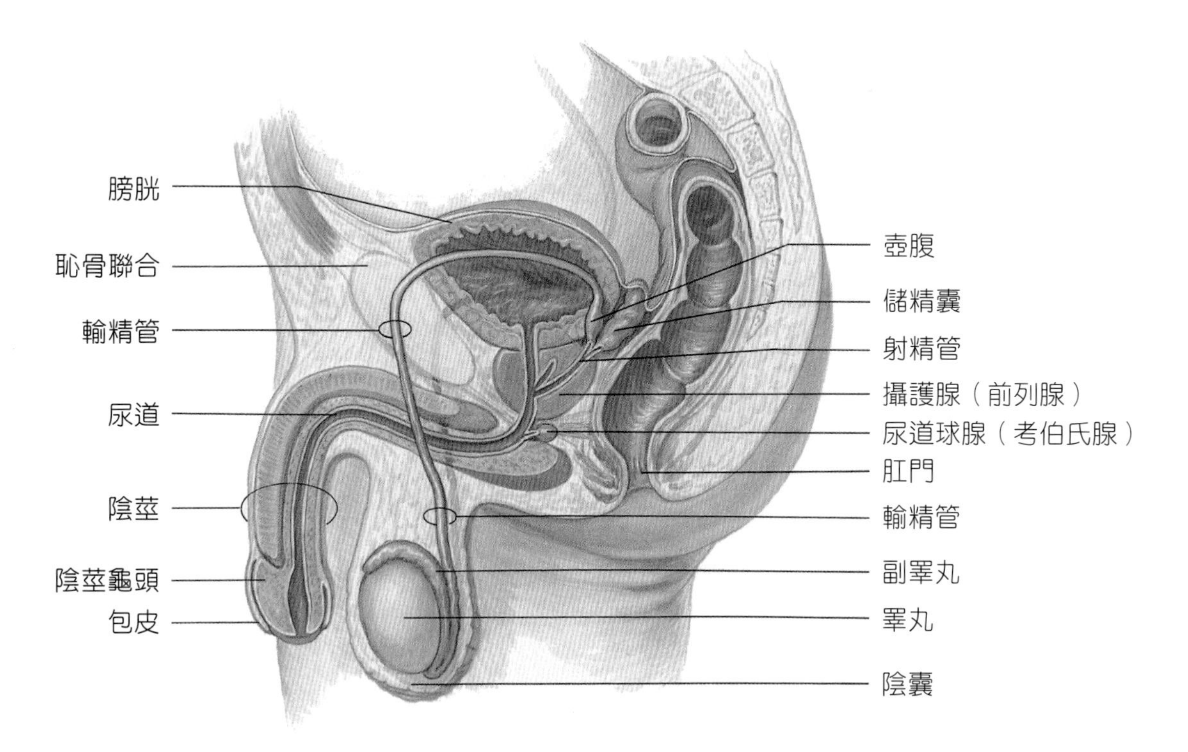

▲ 圖3-18 男性生殖系統構造

表3-5 男性生殖系統

構造	功能
睪丸	製造精子與睪固酮
副睪丸	儲存精子，促進精子成熟
輸精管	提供精子從副睪丸到尿道的管道
尿道	提供精子與尿液排出體外的管道
陰莖	傳送精子至體外的器官
附屬腺體	
儲精囊	分泌精液
攝護腺	分泌精液
尿道球腺	射精前分泌少量液體提供潤滑與清洗尿道之用

（二）女性生殖系統

女性生殖系統包括卵巢、輸卵管、子宮、陰道等（圖3-19）。卵巢製造卵和動情素、黃體素，當卵從卵巢釋放後，會進入輸卵管，精子與卵在輸卵管結合，受精卵被引導到子宮。子宮內層為布滿血管的子宮內膜，此為胚胎發育的地方，子宮下

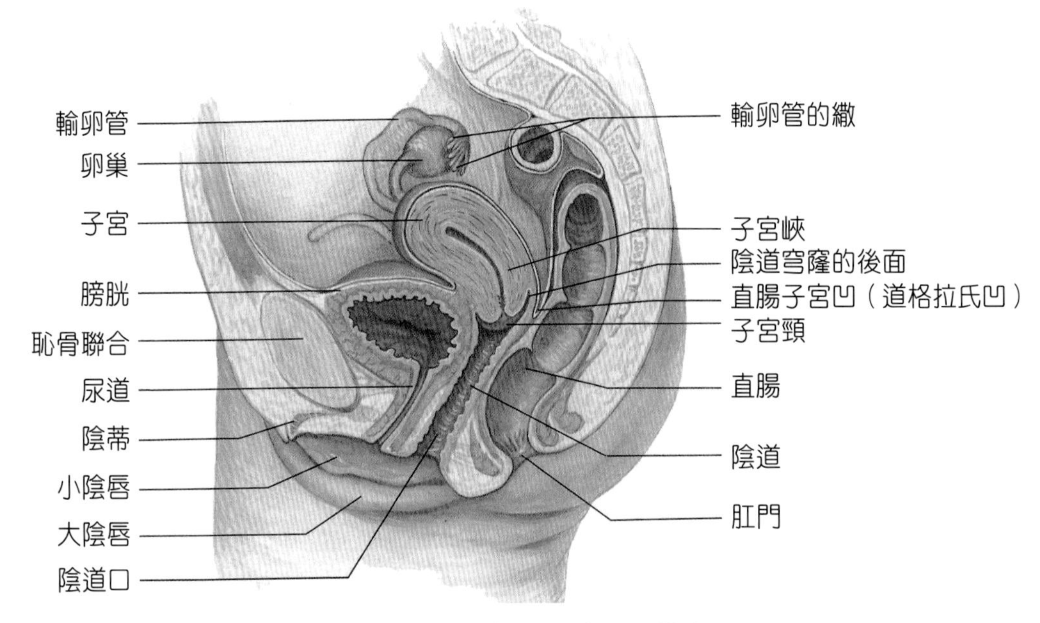

圖3-19 女性生殖系統構造

端為子宮頸，其為子宮通往陰道開口。陰道連接子宮頸與身體外界，為承接陰莖的構造，亦為胎兒產出的通道（表3-6）。

表3-6 女性生殖系統

構 造	功 能
卵 巢	製造卵、動情素和黃體素
輸卵管	提供卵排至子宮的管道
子 宮	
子宮內膜	提供胚胎生長發育的環境
子宮頸	子宮與陰道的連接處
陰 道	當作產道與月經排出管道

◎ 月經週期

女性約每隔28天有經血自陰道排出稱為月經，月經是因為卵巢排出的卵未受精，子宮內膜因而剝落所造成。月經週期開始於青春期，持續時間長達30~40年，中間會因懷孕而暫時中止，結束於停經期。

月經週期可分成四個階段：

1. **行經期**：從子宮內膜剝落出血的第一天算起，這也是整個月經週期的第一天，出血的天數約在3~5天之間。
2. **濾泡期**：自月經結束到排卵期之間，共約10天。在腦下腺分泌濾泡刺激素的作用下，卵巢內的濾泡漸漸成長，濾泡會分泌動情素來刺激子宮內膜的增厚，其中一個濾泡最後會成熟而排卵。
3. **排卵期**：成熟的濾泡破裂而排卵，通常發生在月經開始後的第14~16天。
4. **黃體期**：排卵之後至下次月經來的這段期間稱為黃體期，約14天。排卵後剩下的濾泡會變成黃體，黃體除了分泌動情素以外，還會分泌黃體素，使子宮內膜更肥厚，以利於受精卵的著床。

卵排出後約24小時如果未能受精，黃體將退化萎縮，導致動情素與黃體素的分泌量減少，於是子宮內膜無法繼續成長而剝落，開始下一個月經週期（圖3-20）。

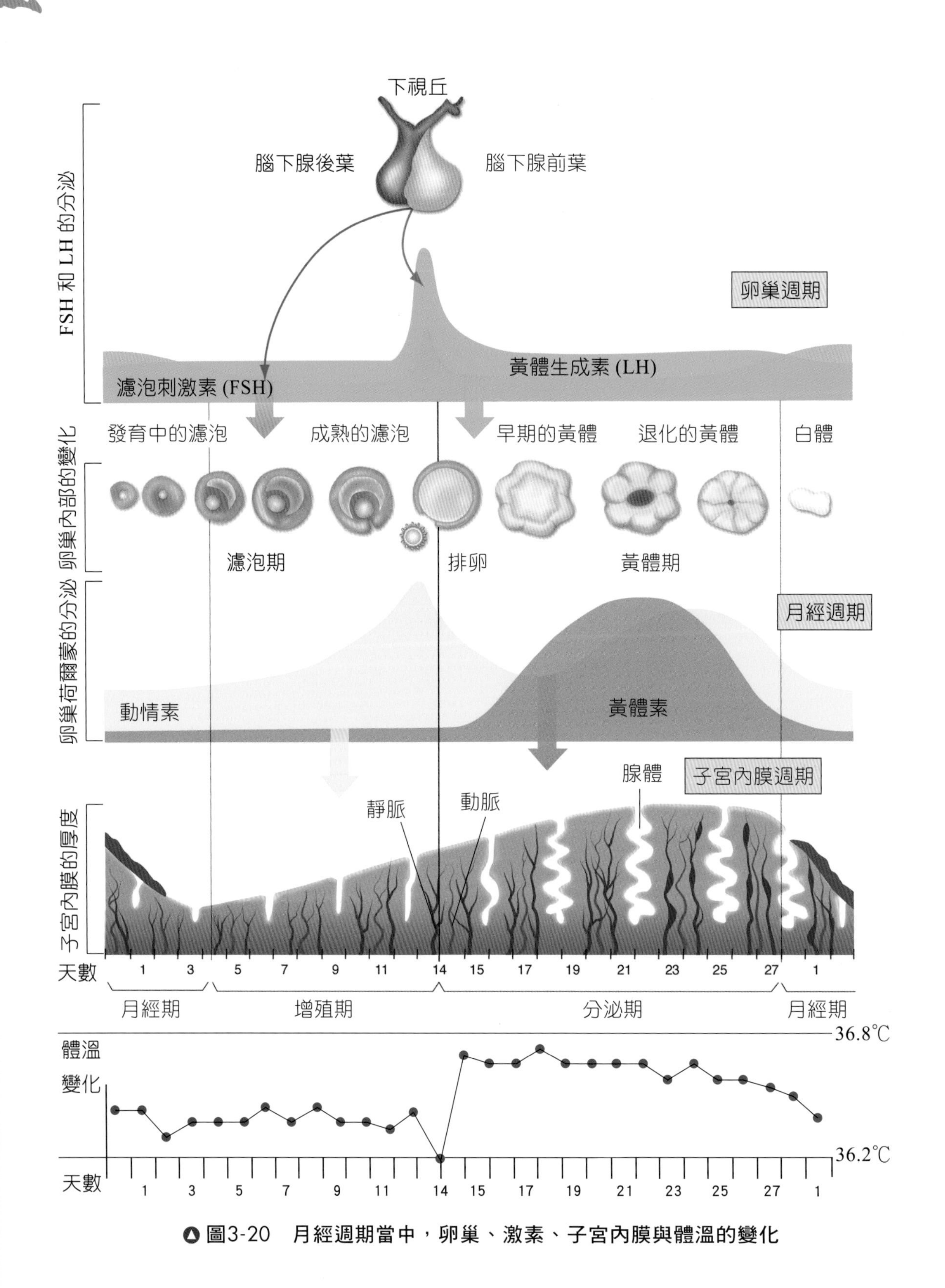

▲圖3-20　月經週期當中，卵巢、激素、子宮內膜與體溫的變化

（三）懷孕

受精的發生始於男性利用陰莖將精子送入女性的陰道，精子利用鞭毛游入子宮，在輸卵管與卵結合，完成受精。受精卵被引導到子宮，並於子宮內膜著床，子宮內膜供給受精卵豐富的營養，受精卵分裂形成胚胎。

男性每次射精所含的精子約2~8億個，精子游向卵的過程中會遇到許多障礙，有些精子在陰道的酸性環境下不能游動，有些精子遭到女方的白血球吞噬，儘管有重重危險，最後還是有少數精子到達卵所在處，但將只有一個精子能夠穿透卵的細胞膜，完成受精作用，子代的遺傳特性就在此刻決定（圖3-21）。值得一提的是精卵結合過程中，只有精子的頭部（內含DNA）進入卵，精子的尾巴和粒線體都留在外面，因為粒線體含有自己的DNA，因此粒線體DNA成為一種母系遺傳的特徵。

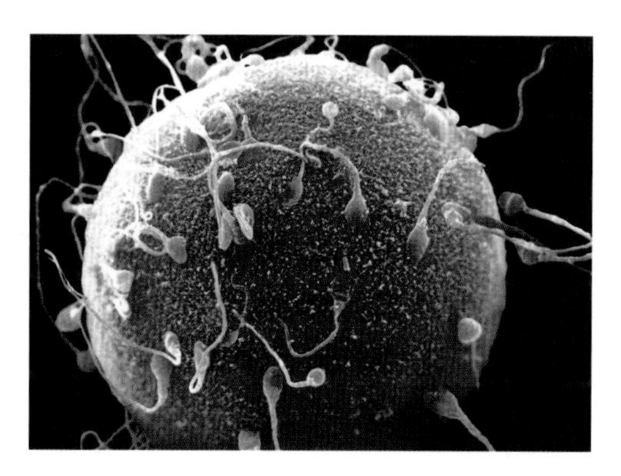

圖3-21　精子與卵結合，只有精子的頭部進入卵，精子的尾巴留在外面

◎胚胎發生的過程（圖3-22）

1. 在受精後36小時，受精卵會進行第一次的細胞分裂，並且開始向子宮移動。
2. 懷孕第4週胎兒受到羊膜保護，眼睛、腦、心臟開始成形，且心臟開始跳動。
3. 懷孕第8週胎兒已可被辨出人形。
4. 懷孕第14週胎兒像拳頭一樣大，此時母親能感受到胎動。
5. 懷孕第40週胎兒發育成熟，可脫離母體生存。

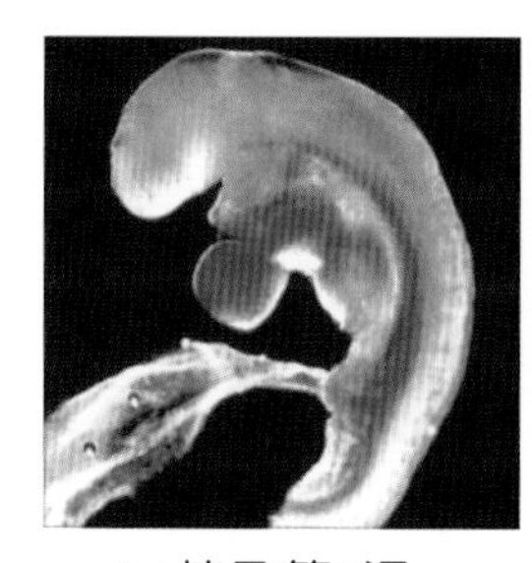

(a)懷孕第4週

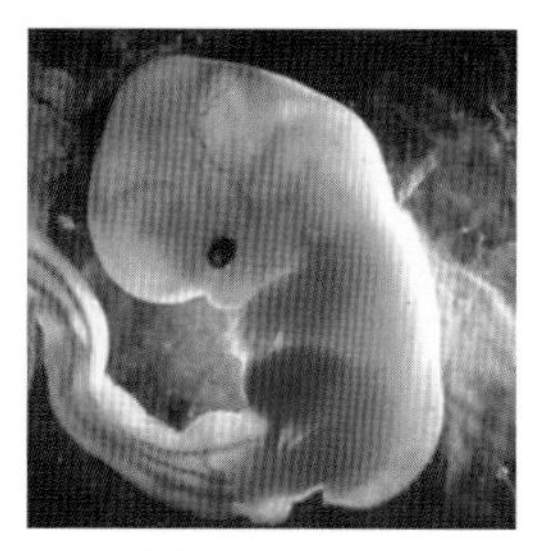

(b)懷孕第6週

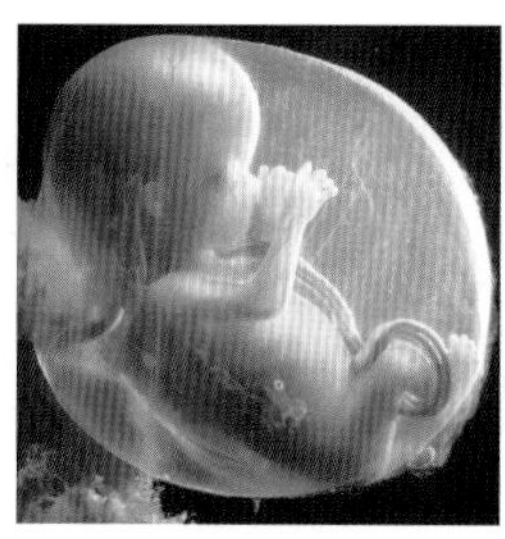

(c)懷孕第15週

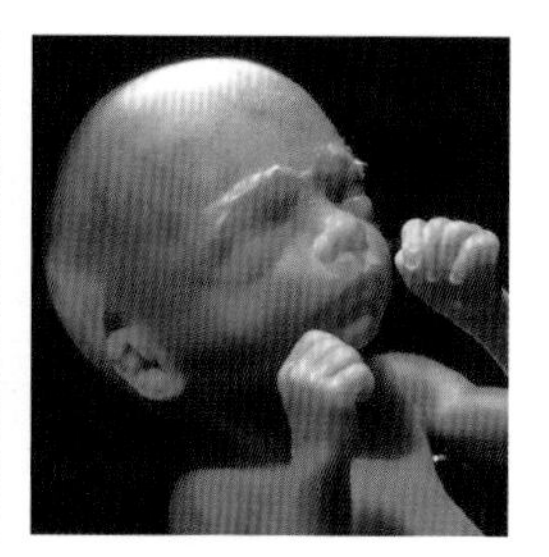

(d)懷孕第26週

圖3-22　人類胎兒的發育過程

(四) 避孕

避孕的方法有很多，列舉常用的避孕方式如下：

◎ 安全期推算法

推算安全期是所有避孕方法中最簡單卻也是較不安全的方法，首先必須計算出排卵可能時間，並且考慮精子存活時間，在這段比較容易受孕時期（危險期）禁止同房，危險期約為下次預定月經前的11~19天。

◎ 口服避孕藥

口服避孕藥是目前世界大部分的婦女使用的避孕方式，因為它的避孕效果是所有避孕方式中成功率較高的一種。但是不同品牌的避孕藥有不同的使用建議，因此服用者應參照該品牌的服藥說明或醫生的指示。

◎ 保險套

使用保險套是一種安全又方便的避孕方式，而且保險套只要在正確的使用之下，不但可以避孕，還可以有效預防性病及愛滋病。

◎ 避孕器

避孕器是裝置在女性的子宮腔內，裝置避孕器並不是自己就可以完成的，而是要經過婦產科醫師檢查過後，裝置在子宮內適當的位置。每裝置一個新的避孕器可以使用數年，然後只要定期接受檢查即可。

◎ 外用避孕藥片

外用避孕藥片使用方式是將其放入女性的陰道中，達到殺死精子的效果。優點是方便、快速，但其失敗率相當高。

◎ 結紮

結紮屬於永久性的避孕措施，分為男性結紮與女性結紮兩種。結紮是把輸精管或輸卵管切斷後並綁住，以阻斷精子或卵輸出。一旦結紮後又想受孕，需再動手術將輸精管或輸卵管接通，但是會隨著結紮的時間越長，受孕成功的機會越低。

探討活動 ❸ 血壓的測量

◎ 目 的

了解血壓測量的原理，並且練習血壓測量的方法。

◎ 器 材

・電子血壓計

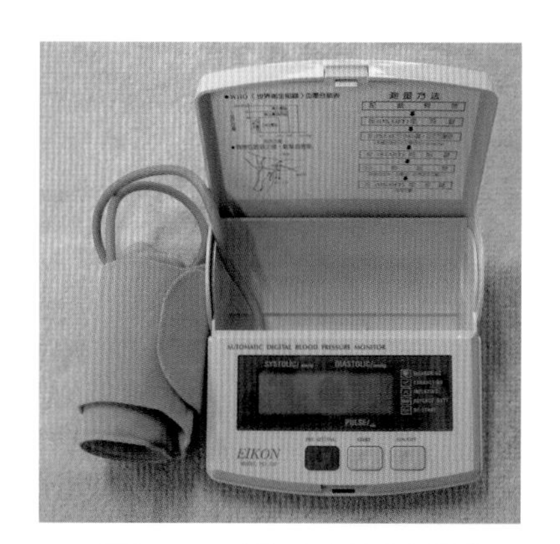

圖3-23 電子血壓計外觀

◎ 原 理

1. 血液在血管中流動所產生的壓力稱為血壓。正常人的收縮壓應小於或等於120 mmHg，舒張壓應小於或等於80 mmHg。異常血壓除了可能是某些疾病的徵兆以外，也會進一步引發其他病症。
2. 血壓計測量的原理是將空氣注入壓脈帶，阻止血液流動，接著將壓脈帶慢慢洩氣放鬆，偵測血管壁震動（脈波）的變化而測定血壓值。壓脈帶加壓使脈波急劇變化開始時的壓力值稱為收縮壓，脈波停止變化時的壓力值則稱為舒張壓。

◎ 量血壓前的準備動作

1. 室內應保持舒適的溫度，也應維持安靜，使檢查者能清楚聽見脈搏聲。
2. 測量前30分鐘，不宜沐浴、飲酒、飯後、劇烈運動或食用含咖啡因的食物。

◎ 步 驟

1. 打開電子血壓計開關(On/Off)。
2. 將壓脈帶環包住手臂，壓脈帶下緣對準肘關節內側約2~3公分。
3. 手臂放鬆且手掌向上，壓脈帶高度與心臟同高。
4. 讀取測量值，至少間隔2~3分鐘之後，再以同樣步驟重複測量一次。

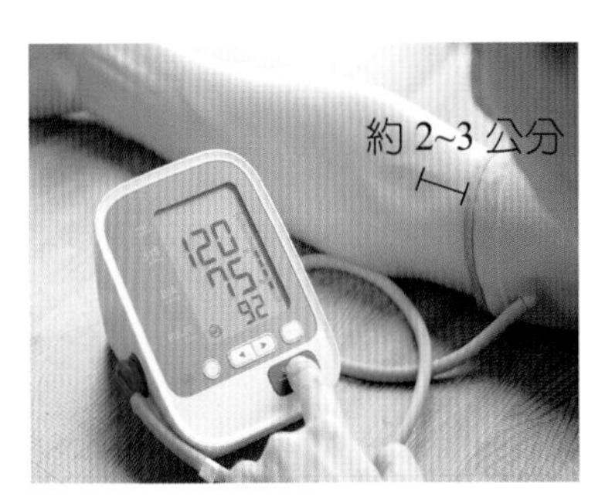

(a) 電子血壓計的測量方法

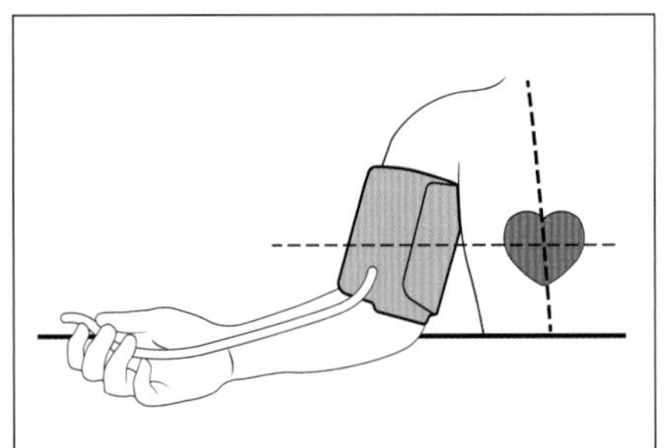

(b) 壓脈帶高度與心臟同高

▲ 圖3-24　血壓的測量

◎ 問題與討論

1. 分別測量左手與右手的血壓，兩手血壓是否相同？
2. 除了電子血壓計以外，還有哪些種類的血壓計？

探討活動 ❹ 心臟的觀察

◎目的

觀察豬的心臟，藉以了解心臟的構造。

◎器材

- 豬心
- 解剖盤
- 解剖刀

◎步驟

1. 將豬心清洗乾淨，置於解剖盤上。
2. 觀察豬心外側血管的分布。
3. 自豬心外側血管的開口逐一灌水，觀察水會由何處流出。
4. 將心尖朝下，觀察豬心的外形，上方為心房，下方為心室。
5. 將豬心置於解剖盤上，利用解剖刀將豬心切開，觀察房室瓣，比較心臟各個腔室的大小與肌肉層的厚度。

◎問題與討論

1. 動脈與靜脈在外觀上有何差異？
2. 水是否能由動脈灌入心臟，為什麼？
3. 心臟共有哪些瓣膜，分別位於何處？
4. 心房與心室的肌肉層厚度有何差異？

EXERCISE

一、選擇題

3-1

( ) 1. 哪種營養素是人類主食也是熱量主要來源？(A)醣類 (B)蛋白質 (C)脂肪 (D)維生素。

( ) 2. 哪種營養素一公克可以產生最多的熱量？(A)醣類 (B)蛋白質 (C)脂肪 (D)維生素。

( ) 3. 缺乏哪種維生素會造成夜盲症？(A)維生素A (B)維生素B (C)維生素C (D)維生素D。

( ) 4. 缺乏哪種維生素會造成壞血病？(A)葉酸 (B)菸鹼酸 (C)維生素K (D)維生素C。

( ) 5. 缺乏哪種礦物質會造成貧血？(A)鈣 (B)鐵 (C)碘 (D)鋅。

( ) 6. 膽汁由哪個器官分泌？(A)胃 (B)小腸 (C)胰臟 (D)肝臟。

( ) 7. 盲腸在腹腔哪個部位：(A)右上腹 (B)右下腹 (C)左上腹 (D)左下腹。

( ) 8. 胃與食道之間的括約肌稱為：(A)飛門 (B)肛門 (C)賁門 (D)幽門。

( ) 9. 小腸靠何種構造吸收養分：(A)絨毛 (B)肺泡 (C)纖毛 (D)鞭毛。

3-2

( ) 10. 咽喉有何種構造可防食物進入氣管：(A)肛門 (B)幽門 (C)會厭 (D)賁門。

( ) 11. 關於呼氣的生理反應，下列敘述何者正確？(A)橫隔收縮 (B)肋間肌舒張 (C)胸腔變大 (D)胸內壓降低。

( ) 12. 尿液形成與排放路徑何者正確？(A)腎小管→腎盂→腎小體→輸尿管→膀胱→尿道 (B)腎小管→腎小體→腎盂→膀胱→輸尿管→尿道 (C)腎盂→腎小體→腎小管→膀胱→輸尿管→尿道 (D)腎小體→腎小管→腎盂→輸尿管→膀胱→尿道。

(　) 13. 下列哪樣行為最傷腎：(A)多喝水　(B)多憋尿　(C)多吃飯　(D)多睡覺。

(　) 14. 有再吸收的功能之構造為下列何者？(A)腎盂　(B)腎動脈　(C)腎小管　(D)腎小體。

3-3

(　) 15. 哪種血管負責將血液帶回心臟？(A)動脈　(B)靜脈　(C)微血管　(D)以上皆非。

(　) 16. 哪種血管是細胞與血液交換物質的場所？(A)動脈　(B)靜脈　(C)微血管　(D)以上皆非。

(　) 17. 正常血液酸鹼值為何？(A)弱鹼　(B)強鹼　(C)弱酸　(D)強酸　(E)中性。

(　) 18. 與左心室相接的血管為何？(A)肺動脈　(B)主動脈　(C)肺靜脈　(D)上下腔靜脈。

(　) 19. 哪些血管內有充氧血？(A)肺動脈與上下腔靜脈　(B)主動脈與肺靜脈　(C)肺靜脈與上下腔靜脈　(D)肺靜脈與肺動脈。

(　) 20. 哪些血管內有缺氧血？(A)肺動脈與肺靜脈　(B)主動脈與肺動脈　(C)肺動脈與上下腔靜脈　(D)主動脈與肺靜脈。

(　) 21. 關於體循環的途徑，何者正確？(A)右心室→右心房→主動脈→小動脈→微血管→小靜脈→上下腔靜脈→心臟　(B)左心室→主動脈→小動脈→微血管→小靜脈→上下腔靜脈→右心房　(C)心臟→主動脈→小動脈→靜脈→小靜脈→微血管→心臟　(D)左心室→左心房→主動脈→小動脈→微血管→小靜脈→上下腔靜脈→右心房。

(　) 22. 關於肺循環的途徑，何者正確？(A)右心室→右心房→主動脈→小動脈→肺泡微血管→小靜脈→上下腔靜脈→心臟　(B)右心室→肺動脈→肺泡微血管→肺靜脈→左心房　(C)右心室→肺靜脈→肺泡微血管→肺動脈→左心房　(D)左心室→肺動脈→肺泡微血管→肺靜脈→右心房。

(　) 23. 哪種血球具有攜帶氧氣功能？(A)紅血球　(B)白血球　(C)血小板　(D)以上皆非。

(　) 24. 何者為人體的專一性防禦構造？(A)淋巴球　(B)眼淚　(C)黏膜　(D)皮膚。

( ) 25. 非專一性防禦的第一道防線？(A)淋巴球 (B)巨噬細胞 (C)黏膜 (D)皮膚。

( ) 26. 發炎反應是因為受傷細胞釋放何種物質造成：(A)乙醯膽鹼 (B)活性氧 (C)組織胺 (D) ATP。

( ) 27. 哪一種細胞記得曾經入侵身體的抗原？(A)漿細胞 (B)記憶細胞 (C)抑制T細胞 (D)細胞毒性T細胞。

3-4

( ) 28. 視覺、聽覺反射中樞之腦部構造是什麼？(A)小腦 (B)中腦 (C)下視丘 (D)延腦。

( ) 29. 控制體溫的腦部構造是什麼？(A)小腦 (B)橋腦 (C)延腦 (D)下視丘。

( ) 30. 有生命中樞之稱的腦部構造是什麼？(A)小腦 (B)橋腦 (C)延腦 (D)下視丘。

( ) 31. 腦神經有幾對？(A) 12對 (B) 13對 (C) 21對 (D) 31對。

( ) 32. 副交感神經發揮作用時會引起哪種生理現象？(A)心跳加快 (B)消化減慢 (C)呼吸加速 (D)血糖下降。

3-5

( ) 33. 下列何者為內分泌腺？(A)消化腺 (B)腦下腺 (C)汗腺 (D)淚腺。

( ) 34. 哪種激素分泌不足會導致糖尿病產生？(A)腎上腺素 (B)黃體素 (C)胰島素 (D)副甲狀腺素。

( ) 35. 哪種激素分泌過量，會造成骨骼的鈣質流失？(A)腎上腺素 (B)黃體素 (C)胰島素 (D)副甲狀腺素。

( ) 36. 當血糖過低，胰臟會分泌哪種荷爾蒙，促進肝醣分解為葡萄糖？(A)腎上腺素 (B)黃體素 (C)胰島素 (D)升糖素。

( ) 37. 黃體素與何種激素皆可促使子宮內膜增厚：(A)動情素 (B)腎上腺素 (C)胰島素 (D)副甲狀腺素。

3-6

( ) 38. 男性製造精子的構造是什麼？(A)副睪 (B)睪丸 (C)儲精囊 (D)前列腺。

( ) 39. 濾泡刺激素為何種腺體分泌？(A)腦下腺 (B)腎上腺 (C)睪丸 (D)卵巢。

( ) 40. 女性排卵之後至下次月經來的這段期間處於月經週期的哪一階段？(A)行經期 (B)濾泡期 (C)排卵期 (D)黃體期。

( ) 41. 陰道的酸鹼值在一般正常情況下為下列何者？(A)酸性 (B)鹼性 (C)中性 (D)以上皆非。

( ) 42. 哪一種避孕措施可以有效預防性病及愛滋病？(A)保險套 (B)結紮 (C)避孕藥 (D)安全期推算法。

( ) 43. 懷孕第幾週胎兒像拳頭一樣大，此時母親能感受到胎動。(A)四 (B)八 (C)十四 (D)四十。

二、問答題

1. 脂肪可分成哪兩種，各具有何種特性？
2. 維生素可分成哪兩種，各具有何種特性？
3. 胃液內的鹽酸有什麼功能？
4. 造成腎衰竭的原因有哪些？
5. 血液有哪些功能？
6. 何謂體液性免疫反應？
7. 哪兩種激素參與血糖恆定的調控？其作用原理為何？
8. 月經週期可分成哪四個階段？
9. 為何粒線體DNA成為一種母系遺傳的特徵？

CHAPTER 4 遺 傳

本章大綱

4-1 基因與遺傳

一、孟德爾的遺傳法則

孟德爾(Gregor Mendel, 1822~1884)（圖4-1）以豌豆為實驗的對象，利用統計學的方法研究豌豆的性狀，提出了相關的遺傳定律與遺傳因子的概念（圖4-2），他認為成對的遺傳因子控制了生物性狀的表現，後來經由其他科學家的研究，發現遺傳因子就是**基因(gene)**。由於孟德爾對遺傳學貢獻良多，因此後人稱他為遺傳學之父。

圖4-1　孟德爾

顯性	圓形種子	黃色種子	灰色種皮	綠色豆莢	飽滿豆莢	高莖	花和果實腋生
隱性	皺形種子	綠色種子	白色種皮	黃色豆莢	緊縮豆莢	矮莖	花和果實頂生

圖4-2　孟德爾豌豆實驗中的七種相對的性狀

孟德爾的三個遺傳定律分別是顯性定律、分離律與自由配合律：

1. **顯性定律(The principle of dominance)**

一開始作為交配的植株稱為親代(P)，而經由親代交配產生的下一代稱為第一子代(F_1)，經由第一子代交配產生的下一代稱為第二子代(F_2)。孟德爾發現當豌豆親代雜交時，他們的性狀不會混合。若將一株種子為黃色的豌豆與另一株種子為綠色的豌豆交配後，第一子代的種子並非黃綠色，而是全部都是黃色，孟德爾便將這些在第一子代表現出來的性狀稱為**顯性(dominance)**，不會表現的性狀稱為**隱性(recession)**。顯性基因會妨礙隱性基因的表現，稱為顯性定律。

2. **分離律(The principle of segregation)**

孟德爾接著將第一子代自花授粉，結果在第一子代中消失的隱性，再度出現在第二子代中，其中表現顯性性狀的個體數和表現隱性性狀的個體數比例約為3:1（圖4-3）。由實驗結果發現，孟德爾認為每一種性狀都被兩個因子控制，這些因子分別遺傳自其親代，當親代配子（精子或卵）形成時，成對的因子必須分

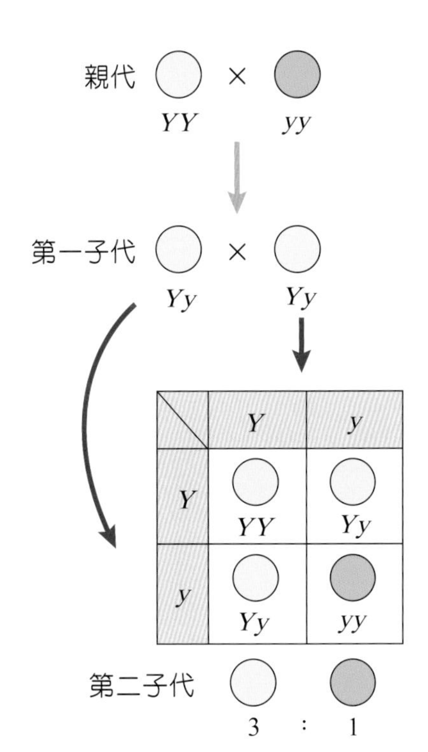

圖4-3　親代為具黃色種子(*YY*)與具綠色種子(*yy*)的純品系豌豆，產下的第一子代皆具黃色種子(*Yy*)，將第一子代自花授粉，產下的第二子代中黃色種子與綠色種子性狀的個體數比例為3：1

離，所以每一個配子都只帶有成對因子中的一個，當受精後這些因子又回復到成對的狀態，稱為分離律。利用棋盤方格法可得到各子代的基因型與表現型。

3. **自由配合律(The principle of independent assortment)**

孟德爾將帶有兩個不同性狀的純品系豌豆交配，其中一種表現型為圓形黃色種子，基因型為*RRYY*；另一種表現型為皺形綠色種子，基因型為*rryy*。結果第一子代種子的表現形為圓形黃色，基因型為*RrYy*。再將第一子代自花授粉產生第二子代，結果第二子代中各種性狀的個體數比例為圓黃：皺黃：圓綠：皺綠=9:3:3:1。由此實驗孟德爾發現兩種遺傳因子的分離之間不會互相影響，單一對遺傳因子依然會遵從分離律，且成對的因子在分離後會進行自由配對，稱為自由配合律（圖4-4）。

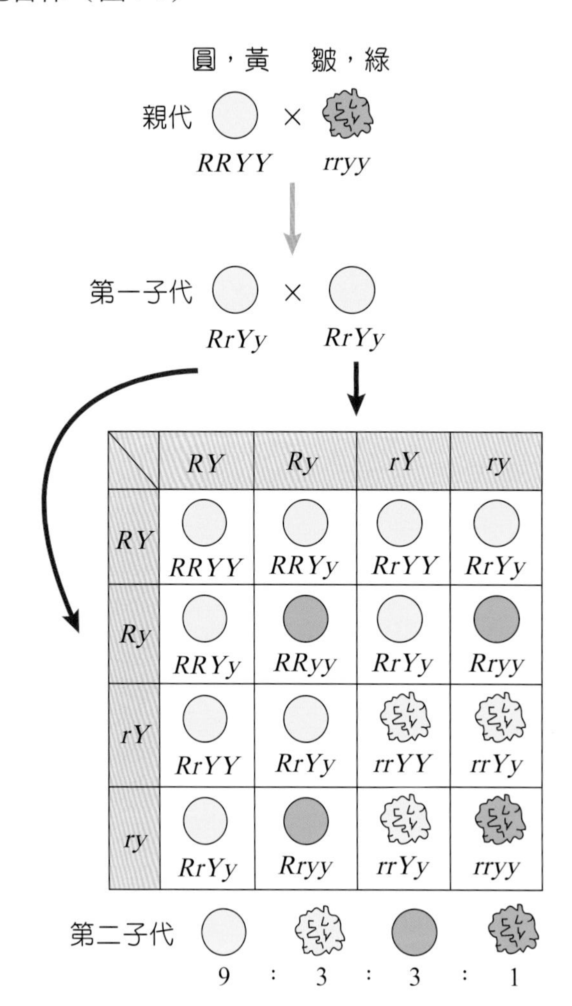

圖4-4　孟德爾利用自由配合律與棋盤方格法預測第二子代之表現型

二、DNA、基因與染色體

孟德爾提出的遺傳因子就是**基因**，且位於細胞核中的染色體上。染色體是由蛋白質與**去氧核糖核酸(deoxyribonucleic acid, DNA)**所組成，其中DNA才是真正的遺傳物質（圖4-5）。

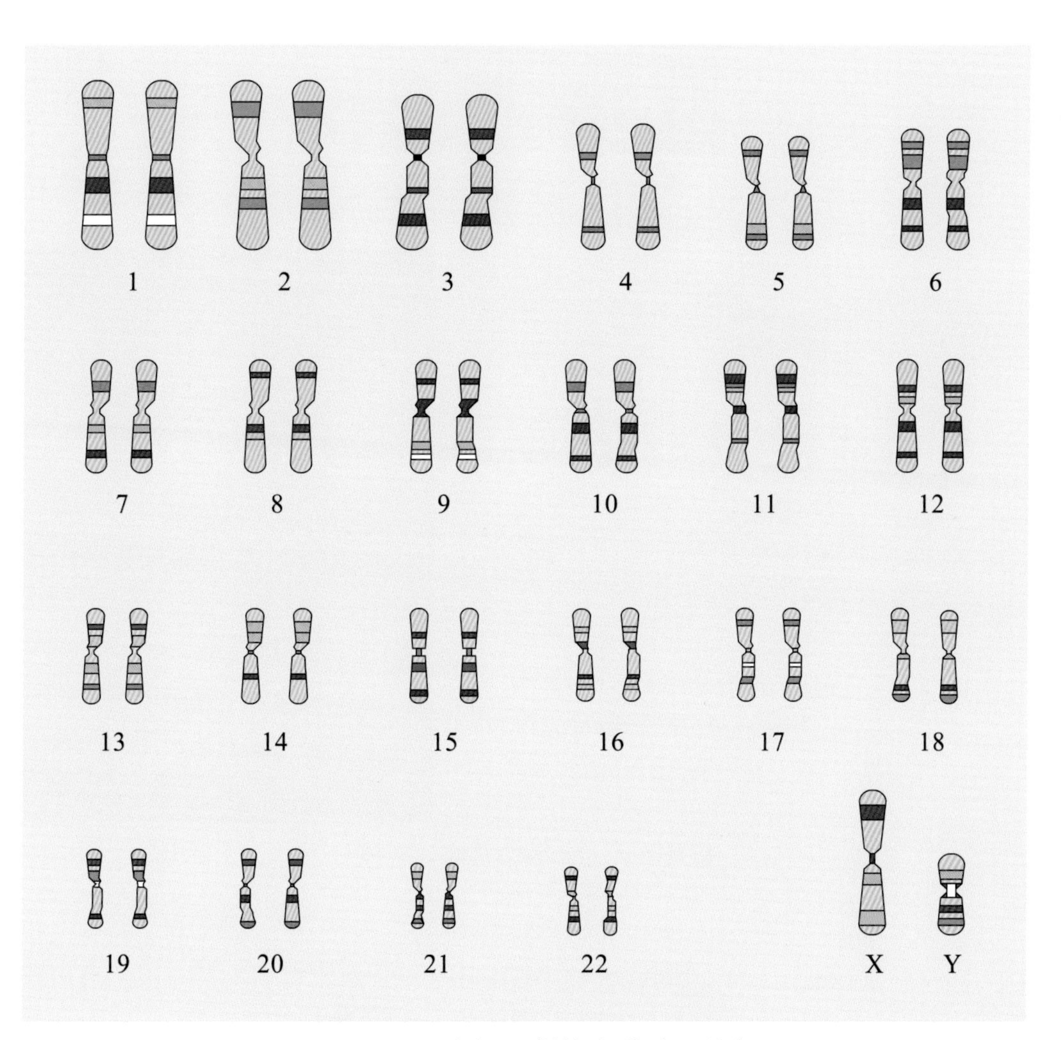

圖4-5　人類23對染色體（男性）

西元1953年，華生(James Watson, 1928~)與克立克(Francis Crick, 1916~2004)首次發現DNA的**雙螺旋(double helix)**結構（圖4-6、4-7），人類開始懂得如何操弄DNA來改變遺傳性狀，這也開啟了當代生物科技的大門。

圖4-6 華生與克立克

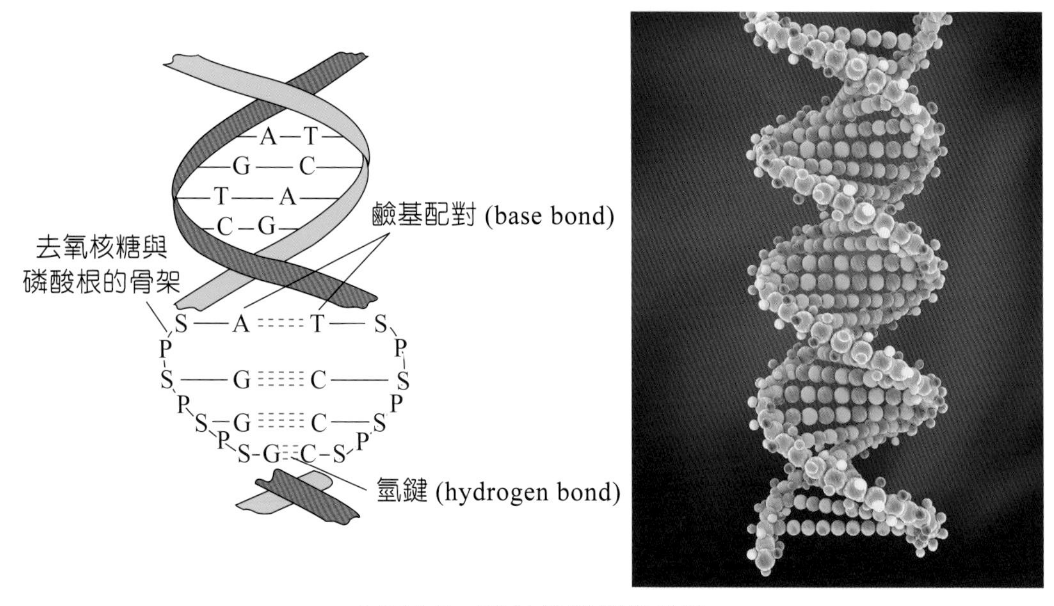

圖4-7 DNA的雙螺旋結構

DNA是由核苷酸組成，而核苷酸又由去氧核糖、磷酸根和鹼基所組成，其鹼基有**腺嘌呤(adenine, A)**、**胸腺嘧啶(thymine, T)**、**鳥糞嘌呤(guanine, G)**、**胞嘧啶(cytosine, C)**四種。

DNA有如一個螺旋梯子，兩側扶手是由去氧核糖和磷酸根所構成，鹼基由兩側扶手向內伸出，透過氫鍵連結在一起，形成穩固的階梯。其中腺嘌呤A與胸腺嘧啶T以兩個氫鍵連結在一起，鳥糞嘌呤G與胞嘧啶C以三個氫鍵連結在一起（圖4-8）。

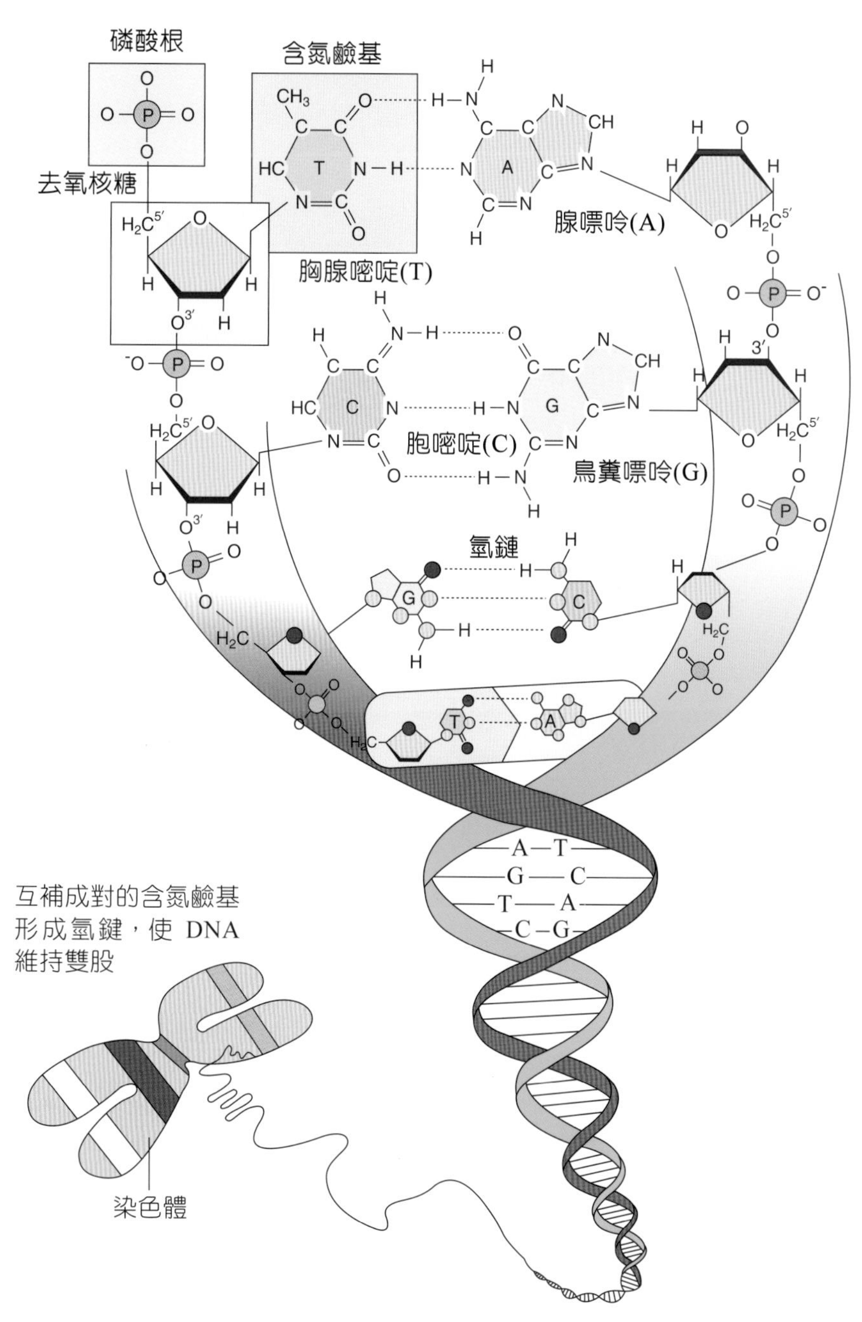
磷酸根
含氮鹼基
去氧核糖
胸腺嘧啶(T)
腺嘌呤(A)
胞嘧啶(C)
鳥糞嘌呤(G)
氫鏈
互補成對的含氮鹼基形成氫鍵，使 DNA 維持雙股
染色體

▲ 圖4-8　DNA的結構

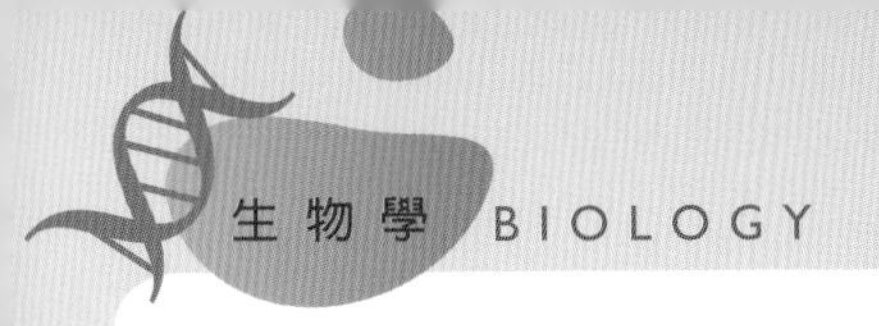

因為DNA當中去氧核糖和磷酸根是固定不變，只有鹼基有變化，因此我們可以用鹼基的排列表達一段DNA序列，例如某段DNA序列為TCGCAGT，則另一段與其互補的DNA序列必為AGCGTCA（圖4-9）。

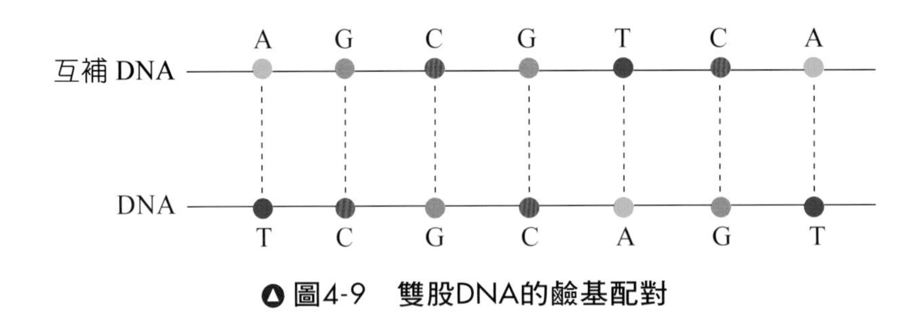

圖4-9　雙股DNA的鹼基配對

DNA是所有生物的生命設計藍圖。根據這份設計藍圖，細胞會在適當時機製造適當的蛋白質，這些被製造的蛋白質會進一步影響細胞甚至整個生物體的生理機能。

基因是DNA之中的一段能製造出功能性蛋白質的序列。DNA的序列包含A、T、G、C四種鹼基的排列次序，例如TCCGCAATGCTTA就可能是某種DNA的一小段序列，其中每三個鹼基會構成一個**密碼子(codon)**，而一個密碼子決定一種胺基酸，但是在決定胺基酸之前，DNA會先轉錄成**核糖核酸(ribonucleic acid, RNA)**，再從RNA轉譯成蛋白質，此謂之**中心法則(central dogma)**（圖4-10）。

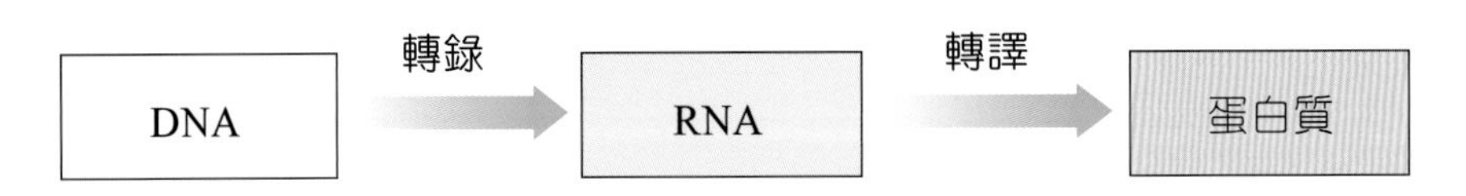

圖4-10　蛋白質合成過程的中心法則

RNA一共有三種，分別是**傳訊者RNA(messenger RNA, mRNA)**、**核糖體RNA(ribosomal RNA, rRNA)**、**轉運者RNA(transfer RNA, tRNA)**，其鹼基有A、U、G、C四種，其中A、G、C三種與DNA的鹼基相同，但是RNA以**尿嘧啶(uracil, U)**取代了**胸腺嘧啶(thymine, T)**。

因為密碼子由三個鹼基組成，而DNA或RNA皆有四種鹼基，在每三個鹼基排列下，一共有4^3＝64種密碼子，足可決定20種胺基酸（表4-1）。例如，RNA序列CAGACG包含了兩個密碼子：CAG、ACG。這段RNA編碼代表了長度為2個胺基酸的一段蛋白質序列：麩醯胺酸、蘇胺酸。

表4-1　RNA上的64種密碼子

	第二鹼基								
		U		C		A		G	
第一鹼基	U	UUU	苯丙胺酸	UCU	絲胺酸	UAU	酪胺酸	UGU	硫胱胺酸
		UUC		UCC		UAC		UGC	
		UUA	白胺酸	UCA		UAA	終 止	UGA	終 止
		UUG		UCG		UAG		UGG	色胺酸
	C	CUU	白胺酸	CCU	脯胺酸	CAU	組胺酸	CGU	精胺酸
		CUC		CCC		CAC		CGC	
		CUA		CCA		CAA	麩醯胺酸	CGA	
		CUG		CCG		CAG		CGG	
	A	AUU	異白胺酸	ACU	蘇胺酸	AAU	天冬胺酸	AGU	絲胺酸
		AUC		ACC		AAC		AGC	
		AUA		ACA		AAA	離胺酸	AGA	精胺酸
		AUG	甲硫胺酸 起始	ACG		AAG		AGG	
	G	GUU	纈胺酸	GCU	丙胺酸	GAU	天冬胺酸	GGU	甘胺酸
		GUC		GCC		GAC		GGC	
		GUA		GCA		GAA	麩胺酸	GGA	
		GUG		GCG		GAG		GGG	

蛋白質合成過程之始，細胞會用DNA的其中一股做為模板，做出互補性的mRNA，接下來單股mRNA將此蛋白質設計圖自細胞核中帶出來到核糖體（由rRNA組成），這時tRNA就負責解讀mRNA的密碼，並將正確的胺基酸一個個帶到核糖體上，當胺基酸連接在一起就構成**胜肽(peptide)**，再經由適當折疊與修飾就形成了蛋白質（圖4-11）。

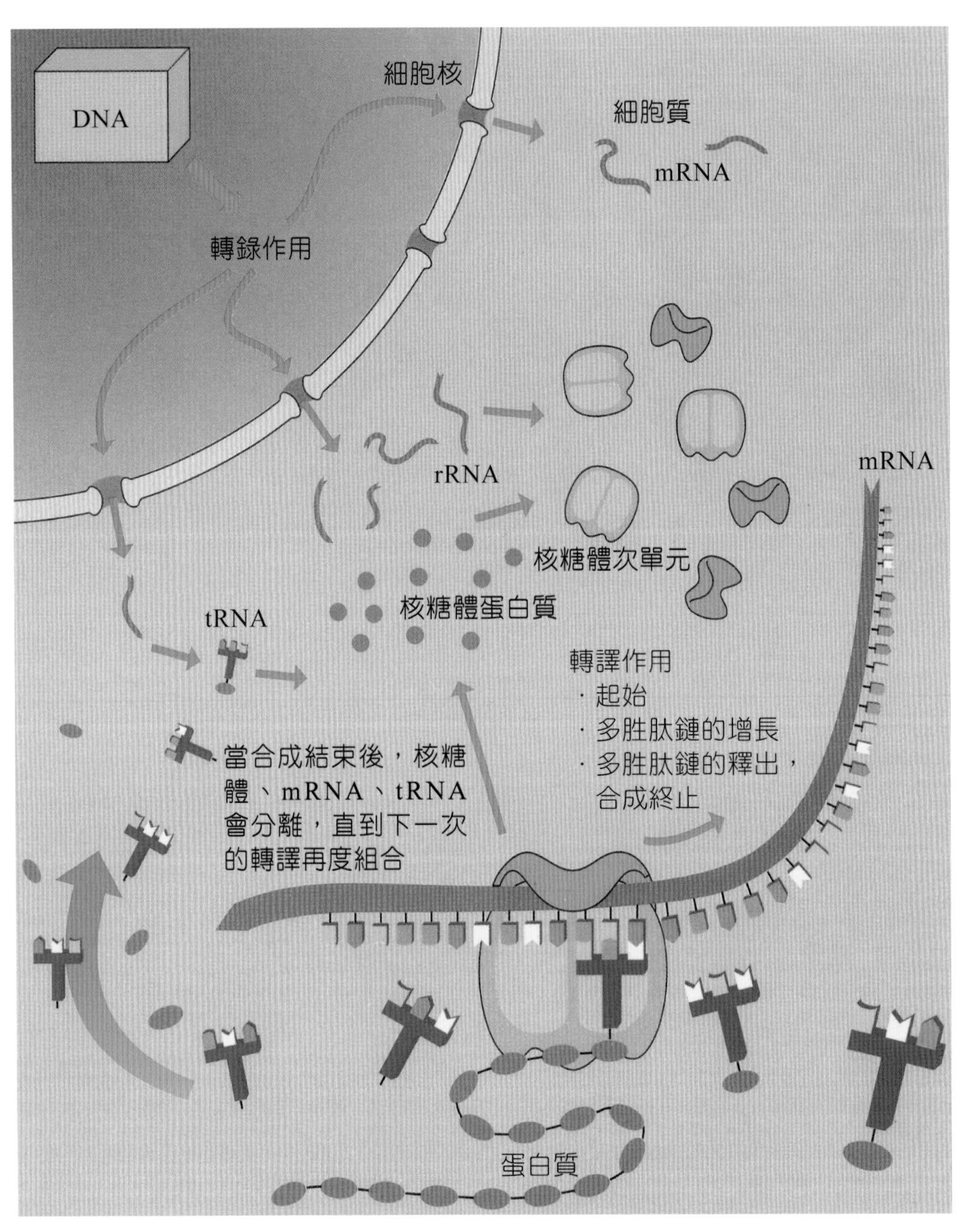

圖4-11　蛋白質的合成過程

4-2 人類的遺傳

一、血型的遺傳

血型的種類是由紅血球細胞膜表面的抗原決定，可分成A、B、AB與O型四種。A型血液的人具有A抗原，B型血液的人具有B抗原，AB型血液的人同時具有A抗原與B抗原，O型血液的人不含A抗原與B抗原。

如果供血者的紅血球細胞表面的抗原與受血者不同時，會引發受血者激烈的免疫反應，受血者的抗體會去攻擊具有不同抗原的外來紅血球，造成血球凝集，阻塞血管，進而危及生命。所以A型血只能供給A型與AB型的人，B型血只能供給B型與AB型的人，AB型血只能供給AB型的人，O 型血則能供給A、B、AB與O型的人。其中具O型血的人因不含A抗原與B抗原，所以能供給所有血型的人，故有「萬能供血者」之稱；具AB型血的人可接受任何血型的捐輸，故有「萬能受血者」之稱。

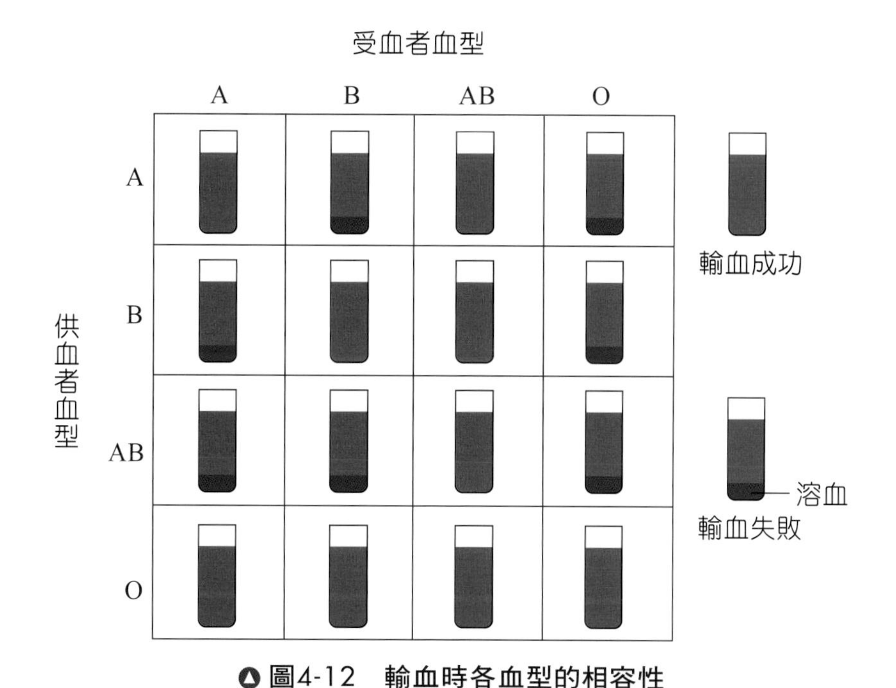

圖4-12　輸血時各血型的相容性

和血型有關的遺傳基因有I^A、I^B與i三種，A型血的基因型為I^AI^A或I^Ai，B型血的基因型為I^BI^B或I^Bi，AB型血的基因型為I^AI^B，O型血的基因型為ii。透過遺傳基因的配對，可用來了解血型的遺傳方式，例如一個AB型的男生與一個O型的女生結婚，所生下的小孩血型只可能是A型或B型，藉由棋盤方格法可說明此種結果。

表4-2　血型之基因型、表現型與紅血球表面抗原

基因型	表現型	紅血球表面抗原
I^AI^A	A	A抗原
I^BI^B	B	B抗原
I^AI^B	AB	A抗原與B抗原
ii	O	無A抗原與B抗原
I^Ai	A	A抗原
I^Bi	B	B抗原

二、性聯遺傳

人類的體細胞有23對染色體，其中一對決定性別的染色體稱為性染色體，男性的性染色體為XY，女性的性染色體為XX。性染色體除了攜帶決定性別的基因以外，還有一些其他的基因，這些基因的遺傳和性染色體有關稱為性聯遺傳。

性聯遺傳疾病大多是位於X染色體上的缺陷基因所引起的疾病，而這些疾病大部分是隱性遺傳疾病，包括色盲、血友病等（圖4-13）。因為女性具有2條X染色體，需同時都有缺陷基因才會發病，但是男性只要X染色體上的基因有缺陷，且Y染色體又沒有相對應的基因時便會患病。所以男性罹患性聯遺傳疾病的機率高於女性。

以色盲為例，只有攜帶一個色盲基因的女性並不會發病，她只是成為色盲基因的攜帶者，當她與一位正常的男性結婚，所生的兒子有50%的機率會得到色盲；女兒則都不會得到色盲，但有50%的機率會成為不會發病的攜帶者。

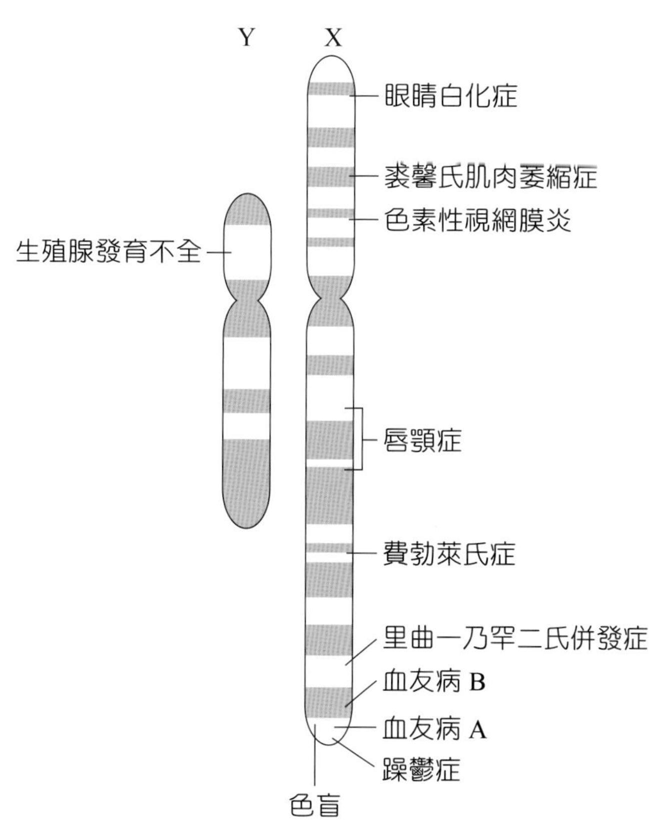

圖4-13　人類X和Y染色體的基因輿圖

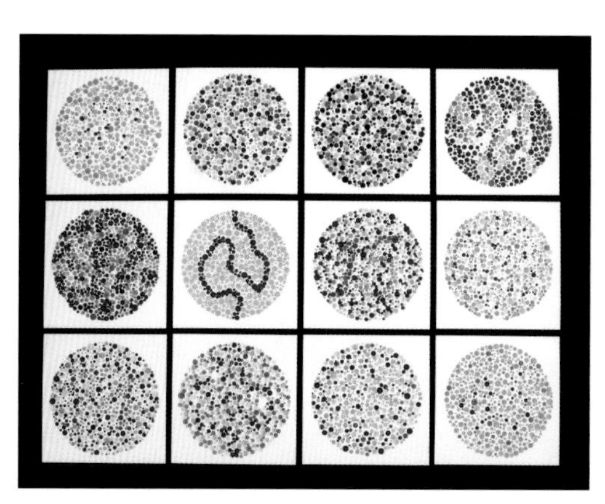

圖4-14　色盲檢驗圖

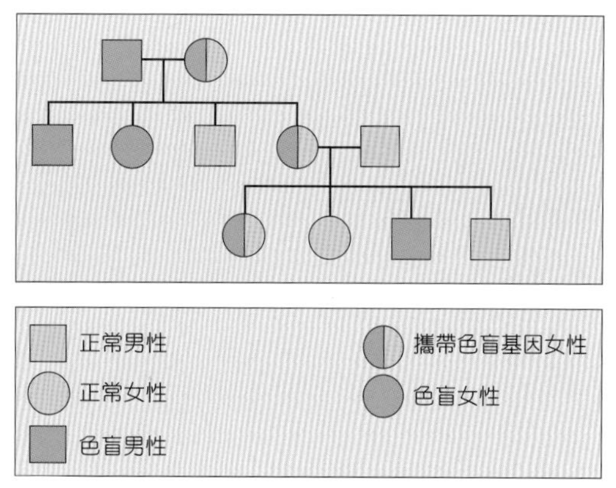

圖4-15　色盲遺傳的族譜圖

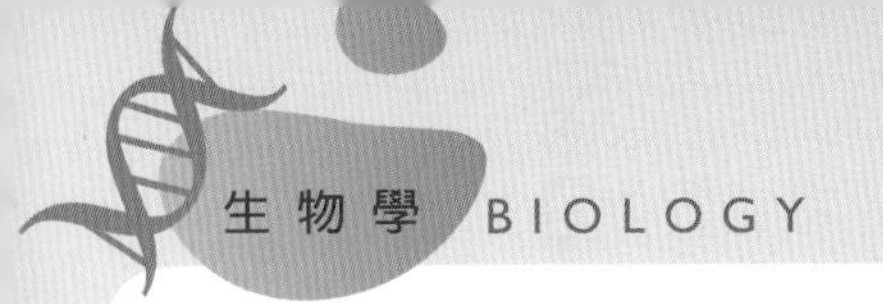

你知道嗎？

研究指出，X染色體帶有智商基因，因為女性有兩個X染色體，男性只有一個，因此母親對孩子智商的影響力很大。不過智商不單是與遺傳因素有關，生活環境等後天因素也會影響智商。

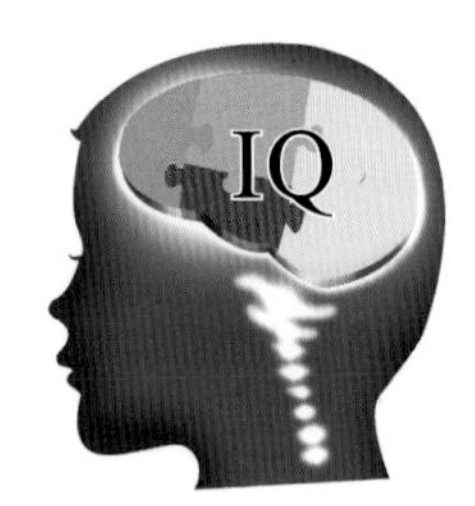

習題 EXERCISE

一、選擇題

4-1

(　)1. 親代為具黃色種子(Yy)與具黃色種子(Yy)的碗豆，產下的第一子代黃色種子與綠色種子性狀的個體數比例為何？(A) 1:3　(B) 2:2　(C) 3:1　(D)全為黃色。

(　)2. 親代為具圓形黃色種子(RrYy)與皺形綠色種子(rrYy)的碗豆，產下的第一子代中，圓黃：皺黃：圓綠：皺綠比例為何？(A) 9:3:3:1　(B) 4:4:4:4　(C) 5:5:3:3　(D)6:6:2:2 。

(　)3. DNA的結構是下列何者？(A)球狀　(B)長方體　(C)金字塔狀　(D)雙螺旋。

(　)4. 胸腺嘧啶的代號是下列何者？(A) A　(B) T　(C) G　(D) C。

(　)5. 女性卵細胞的性染色體為下列何者？(A) XX　(B) XY　(C) X　(D) Y。

(　)6. 男性體細胞的性染色體為下列何者？(A) XX　(B) XY　(C) X　(D) Y。

(　)7. 精子染色體數量是多少？(A) 13條　(B) 13對　(C) 23條　(D) 23對。

(　)8. DNA的結構其中鹼基A與T彼此以幾個氫鍵連結在一起：(A) 1　(B) 2　(C) 3　(D) 4。

(　)9. 胸腺嘧啶與何種鹼基互補？(A)腺嘌呤　(B)鳥糞嘌呤　(C)胞嘧啶　(D)以上皆非。

(　)10. RNA上的CAU密碼子可轉譯出何種胺基酸？(A)丙胺酸　(B)白胺酸　(C)離氨酸　(D)組胺酸。

(　)11. 密碼子總共有幾個？(A) 6　(B) 12　(C) 36　(D) 64。

(　)12. 何種RNA負責解讀密碼並將胺基酸帶到核糖體上？(A) tRNA　(B) mRNA　(C) rRNA　(D)以上皆是。

4-2

(　)13. 不含A抗原與B抗原的人之血型為下列何者？(A) O型　(B) A型　(C) B型　(D) AB型。

(　)14. B型血能供給哪些血型的人？(A) B型與O型　(B) A型與B型　(C) AB型與B型　(D) A型與AB型。

(　)15. 哪種血型的人有「萬能供血者」之稱？(A) A型　(B) B型　(C) AB型　(D) O型。

(　)16. 一個A型($I^A I^A$)的男生與一個B型($I^B i$)的女生結婚，所生下的小孩血型可能是下列何者？(A) A型與AB型　(B) B型與AB型　(C) A型與O型　(D) B型與O型。

(　)17. 一個A型($I^A i$)的男生與一個B型($I^B i$)的女生結婚，所生下的小孩血型為A型的機率是多少？(A) 0　(B) 25%　(C) 50%　(D) 75%。

(　)18. 正常視覺的男生與色盲女生結婚，他們的小孩有多少的機率得到色盲？(A) 0　(B) 25%　(C) 50%　(D) 100%。

(　)19. 色盲男生與色盲基因攜帶女生結婚，他們的小孩有多少的機率得到色盲？(A) 0　(B) 25%　(C) 50%　(D) 100%。

(　)20. 色盲男生與色盲女生結婚，他們的小孩有多少的機率得到色盲？(A) 0　(B) 25%　(C) 50%　(D) 100%。

二、問答題

1. DNA雙螺旋結構的發現除了華生與克立克的貢獻以外，尚有許多科學家如羅莎琳與威爾金斯等人的參與，請蒐集相關的歷史典故。
2. 何謂蛋白質合成過程的中心法則？
3. 為何男性罹患性聯遺傳疾病的機率高於女性？

5 CHAPTER

生物技術及其應用

本章大綱

5-1 生物技術

科學發展一日千里，其中生物技術的研究更是突飛猛進，像是複製動物、螢光魚等研究一一展現在我們眼前（圖5-1、5-2）。生物技術的成果可廣泛應用在醫療、食品、環保、農業與能源等各方面，與人類生活息息相關，而自人類基因體解碼完成後生物技術更加蓬勃發展，可以想見生物技術將對人類生活產生重大影響，如今生物技術已被譽為21世紀最重要的科技之一。

生物技術(biotechnology)的定義為「人類利用生物的製程或分子與細胞的層次，來解決問題或製造出有用的物質與產品」。傳統的生物技術以雜交育種與發酵技術為主。雜交育種的目的是為了要得到更優良的品種，方法是選擇具有不同特徵表現的同種或種間個體，進行配對與繁殖，然後藉由長時間的選擇與淘汰，得到最優良的品系血緣。植物的品種改良例如茶花（圖5-3(a)）、蘭花，動物的品種改良例如金魚（圖5-3(b)）是由鯽魚雜交育種而成，騾（圖5-3(c)）是由利用馬與驢交配育種而成。發酵技術應用微生物製造出有用的產品，例如：酒、麵包、醬油、醋、味噌、優酪乳等。

圖5-1　複製牛

圖5-2　利用基因轉殖技術製造螢光魚

(a)茶 花

(b)金 魚

(c)騾

圖5-3　人為育種的植物與動物

現代生物技術主要包括基因工程、細胞工程、蛋白質工程與酵素工程等四種。

一、基因工程(Genetic engineering)

自從人類認識DNA才是控制遺傳的中心，並了解其雙螺旋結構與遺傳密碼以後，科學家開始藉由操弄基因來改變生物的性狀，這就是基因工程的開始，也成為現代生物技術的核心。

基因工程包含**基因重組(gene recombination)**與**基因轉殖(gene transfer)**兩大部分。基因重組是應用人工方法把生物的遺傳物質DNA分離出來，在體外進行切割、接合與重組。切割與接合DNA的工具都是利用酵素，切割DNA的酵素稱為**限制酶(restriction enzyme)**，接合DNA的酵素稱為**接合酶(ligase)**，限制酶就像是一把剪刀可以剪開DNA，而接合酶有如膠水可以黏合DNA，經過重新剪接的DNA其部分遺傳訊息已被更換，這樣的做法稱為基因重組。

基因轉殖是指將外源基因（通常是重組DNA）轉殖到他種生物的過程，從而改造它們的遺傳特性，有時還使新的遺傳訊息在宿主細胞中大量表現，以獲得基因產物（蛋白質），例如將水母或螢火蟲發螢光的基因轉殖到其他生物身上，就可得到螢光豬、螢光兔與螢光鼠等轉殖動物（圖5-4）。基因轉殖的方法頗多，例如顯微注射法可在顯微鏡底下，使用毛細管將外源基因直接注入生物細胞（圖5-5）。

圖5-4　螢光鼠（左一、左二與右一）

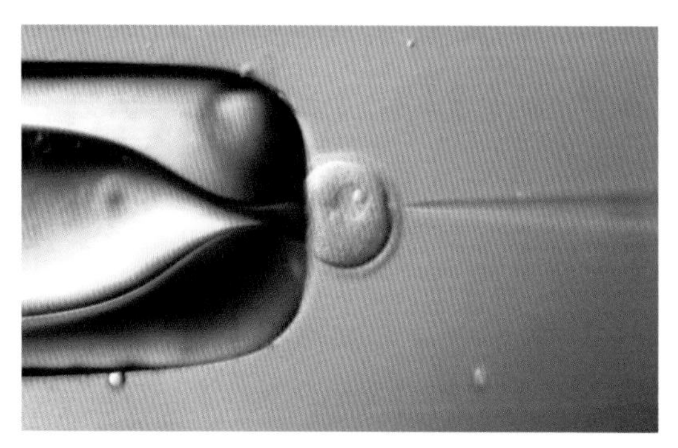

圖5-5　基因轉殖方法：顯微注射

二、細胞工程(Cell engineering)

細胞工程是指以細胞為對象，在體外進行細胞培養、繁殖，或用人為的方式使細胞某些特性產生改變，改良生物品種和創造新品種，以獲得某種有用物質為目的（圖5-6、5-7）。所以細胞工程應包括細胞的體外培養技術、細胞融合技術與細胞核移植技術等。

細胞的體外培養技術首重無菌操作，若發生其他微生物感染，除了實驗對象（某種細胞）可能死亡外，也會無法得到正確的實驗數據與結果。

細胞融合技術是指將兩種不同細胞融合，產生兼具兩種母細胞遺傳性狀的融合細胞之技術。利用此技術可以將癌細胞與產生抗體的細胞融合，製造單株抗體，具有廣泛的醫療價值。也可以將馬鈴薯與番茄的細胞融合，經由此融合細胞成長的作物稱為「馬鈴茄」，實驗目的是期望這種新作物的地上部分能長出番茄，而地下部分則結馬鈴薯，如此可一舉二得（圖5-8）。

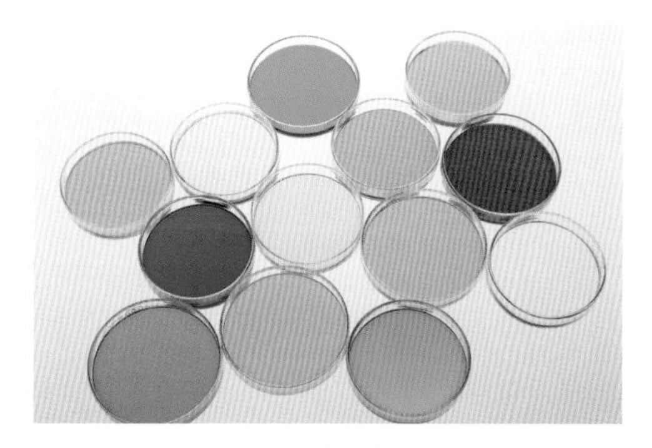

圖5-6　細胞培養用的培養皿

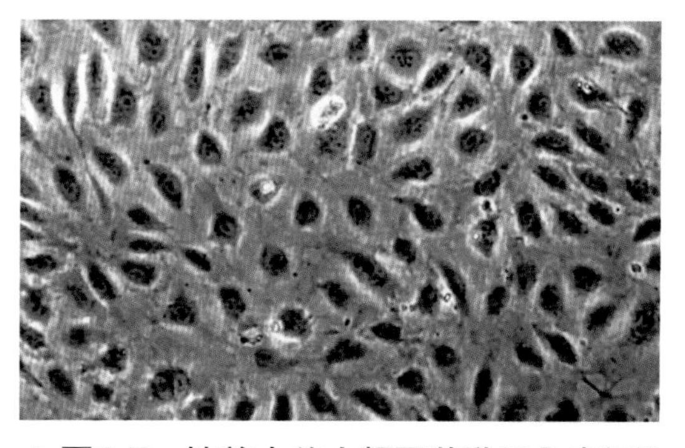

圖5-7　培養中的人類冠狀動脈內皮細胞

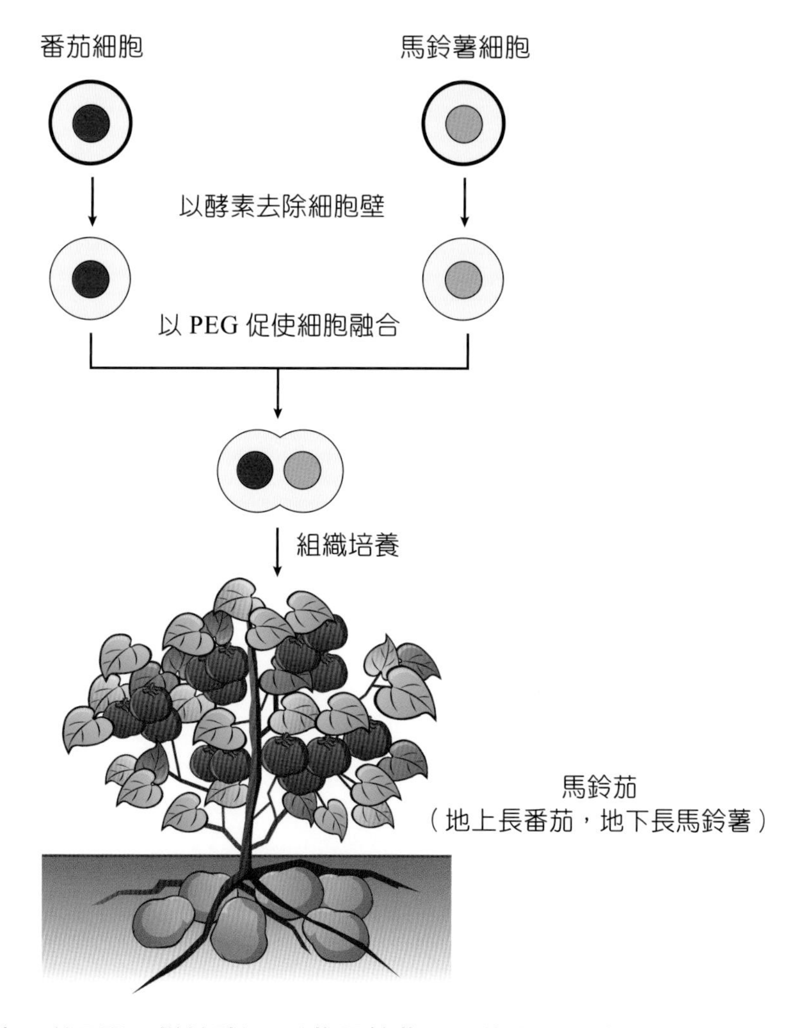

圖5-8　馬鈴茄：利用聚乙烯甘醇(PEG)將馬鈴薯和番茄的細胞融合在一起而產生的植物

細胞核移植技術中最有名的就是動物複製，在西元1996年首次利用無性生殖製造了全世界第一隻複製羊「桃莉(Dolly)」，這是人類史上第一次以體細胞複製哺乳類動物，使得複製人變成可能發生的事，引起全球莫大震驚。

複製羊的過程是先從一隻白臉母羊取出乳房細胞，將細胞核取出；再從一隻A黑臉母羊取出卵細胞，去除細胞核，然後將白臉母羊細胞核植入A黑臉母羊已去核之卵細胞，核植入後的細胞以電擊刺激使細胞活化，促使細胞分裂成胚胎，最後將培育的胚胎細胞放入另一隻B黑臉母羊體內（代理孕母），讓其懷孕，生下的小羊就是桃莉（圖5-9）。換言之，複製羊「桃莉」有三個媽媽，但沒有爸爸，由於遺傳物質DNA儲存在細胞核中，因此桃莉的基因組成與提供細胞核的白臉母羊一樣，當然也就長得像白臉母羊了（圖5-10）。

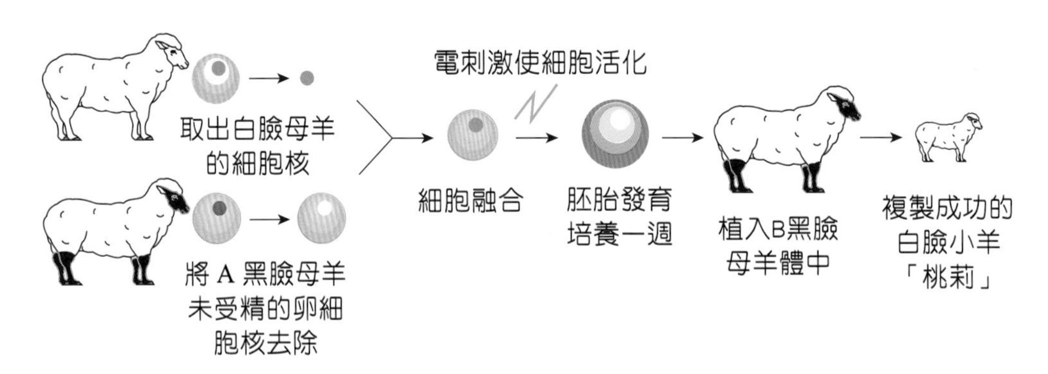

圖5-9　複製羊的過程

圖5-10　長大後的複製羊桃莉和她的頭生小羊Bonnie

三、蛋白質工程(Protein engineering)

蛋白質工程包括了解蛋白質的DNA編碼序列、蛋白質的分離純化、蛋白質的序列分析、蛋白質的結構功能分析與修飾等。

以蛋白質的修飾而言，就是先以基因工程的方法，把該蛋白質的基因選殖出來，接著改變基因上面某核酸密碼，進而改變蛋白質的胺基酸序列，然後就有可能改變該蛋白質的性質。

四、酵素工程(Enzyme engineering)

酵素是生物體內生化反應的催化劑，可促進反應進行而自身卻不參與反應。酵素具有作用專一性強、催化效率高等特點，所以細胞需要酵素才能使反應在常溫下進行，沒有酵素，就沒有生物體一切的生命活動。

酵素工程是研究酵素的生產和應用的一門技術，它包含酵素的備製、修飾、固定化與酵素反應器等方面。為了延長酵素的壽命、提高酵素的催化活性，人們發展了固定化技術，將酵素限制在一定空間內，使其能在**生化反應器(bioreactor)**中連續而重複的使用（圖5-11）。

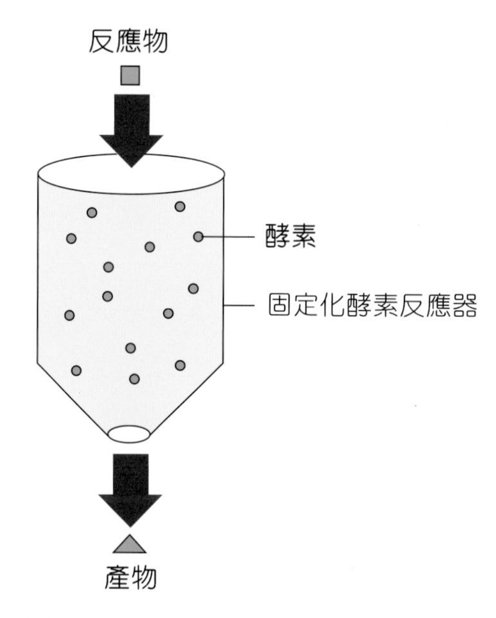

圖5-11　固定化酵素反應器

5-2 生物技術的應用

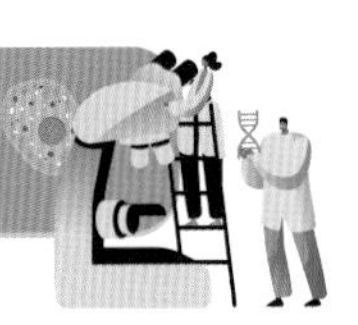

生物技術的應用包羅萬象，與人類生活密不可分，目前已廣泛運用在農業、畜牧、醫學與工業等各個層面，其重要性在於生物技術能解決現代人類所面臨的種種問題，例如人口爆炸所衍生的糧食問題、人口高齡化所面臨的醫療問題、過度工業化所造成的環境問題與能源問題等。

一、生物性農藥

生物性農藥(biopesticides)又稱為**生物性植物保護劑(biological plant protection agent)**，係指天然物質如動物、植物、微生物及其所衍生的保護植物產品。生物性農藥具無毒性的作用機制，只對目標性的病、蟲、草等有害生物有作用，以及在環境中能被生物所生產。

目前市售的生物性農藥有一半以上屬於**蘇利菌(*Bacillus thuringiensis*)**的衍生商品。蘇利菌（圖5-12）是革蘭氏陽性桿菌，在芽孢過程中會產生結晶毒蛋白（圖5-13），具有殺蟲的效果，其殺死昆蟲的方式主要是讓昆蟲的幼蟲吃下蘇利菌的結晶蛋白時，毒素晶體會在昆蟲腸道中，被分解活化成毒素。但是人類一旦誤食蘇利菌毒蛋白，會被胃酸所分解，所以對人體無害。而且此種毒蛋白也會在自然環境下分解，不像化學農藥有殘留而無法分解的問題。

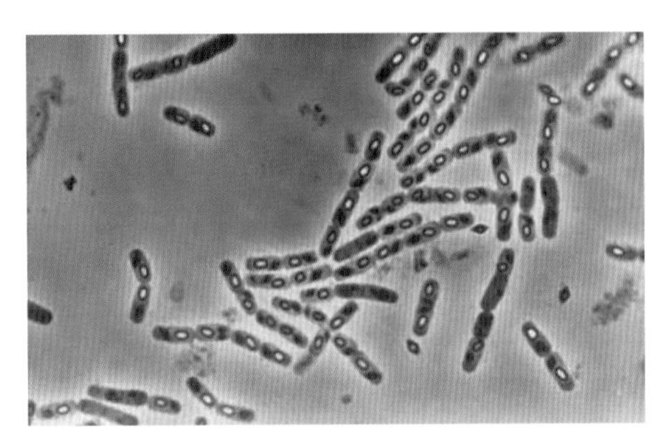

圖5-12 常被用於生物性植物保護劑的微生物－蘇利菌

▲ 圖5-13　電子顯微鏡下的蘇利菌結晶蛋白呈現菱形

二、植物組織培養

傳統上培育植物的方法不外乎播種與插枝等方法，但是現在藉由植物的**組織培養(tissue culture)**技術可使一個細胞發展成為完整植物。利用組織培養可以讓人類大量獲得性狀與遺傳物質一致的植株，保存優良的品種，同時也可搭配基因轉殖技術讓植物出現原本不存在的遺傳特性。

欲以組織培養的方法來繁殖植物，首先必須取得培植體，培植體為自植物體上取得的細胞、組織或器官，再將這些培植體置於培養基上，經過一段時間的培養，可由傷口誘生**癒傷組織(callus)**，癒傷組織是指尚未有任何分化型態的細胞團塊，這些細胞團有再生為植株的潛力。將癒傷組織培養在合適的培養基上，可經由器官發生的途徑形成根或芽，再經一連串培育終可長成與原來植株具有相同性狀與遺傳特性的新植株。圖5-14、5-15顯示了文心蘭的組織培養流程。

▲ 圖5-14　文心蘭的根(a)、莖(b)與葉(c)等培植體經誘導後形成癒傷組織

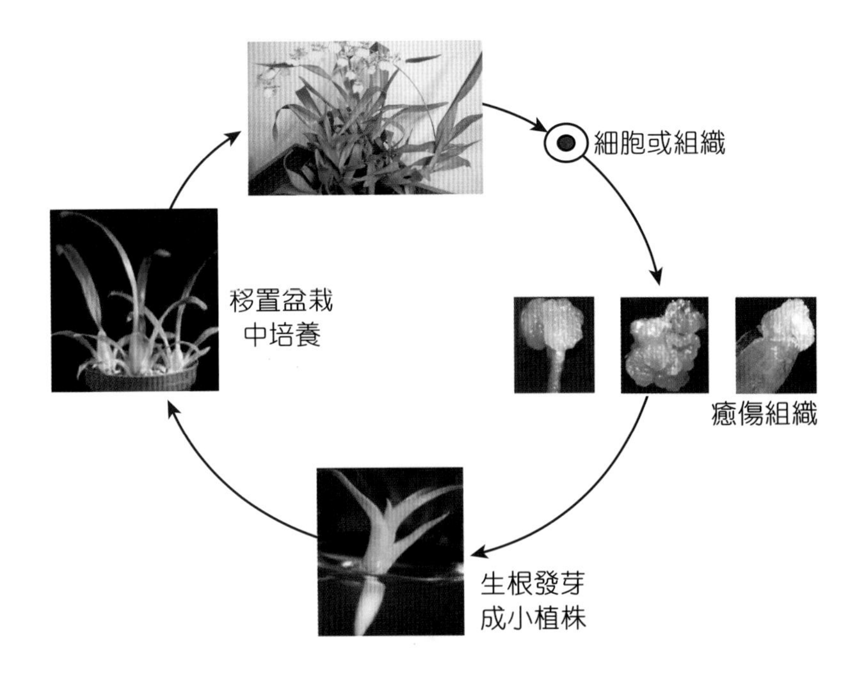

圖5-15　文心蘭的組織培養流程

目前商業栽培的植物或花卉多以組織培養的方式進行繁殖，採取植物的細胞、組織或器官進行體外培養，進而獲取性狀與遺傳物質一致的植株。此外組織培養的過程中若應用基因轉殖的技術，將可培育出抗蟲、抗病、高產量且更美麗的植物或花卉。

你知道嗎？

藍色玫瑰花，是一種基因轉殖的玫瑰品種，藉由植入三色堇(pansy)所含的一種能刺激藍色素產生的基因，使玫瑰可合成飛燕草素(delphinidin)而使花瓣自然呈現藍紫色。藍色玫瑰花成為日本基改作物上市的首例，目前已開始商業栽培，並激起民眾購買花卉的需求。

三、基因工程藥物

過去藥物的來源大致可分成人為的化學合成與從生物當中萃取其生化合成產物等兩種方式。但是自從1973年基因重組技術出現後，衍生出目前極為重要的基因工程藥物。例如過去欲得1毫克的人類生長激素需從1萬公升的人類血液中萃取，但基因重組技術的出現讓我們將人類生長激素的基因轉殖到微生物體內後，只需數公升的微生物醱酵液即可得到相同的生長激素產量。如此一來，過去難以取得的藥物便不再一藥難求，而生產成本也可大幅降低。

西元1978年已有公司研發出世界上第一個基因重組藥物（胰島素），並於1982年獲准上市。到目前為止多種基因工程藥物先後研製成功並投入應用，如胰島素、生長激素、干擾素、凝血因子、疫苗等產品已發揮出顯著的療效。

要讓細菌製造出人類胰島素，就要先以限制酶將人類胰島素的基因切割，同時將細菌的一種環狀DNA稱為**質體(plasmid)**切開當作載體，再將這兩段DNA以接合酶黏合而成一重組DNA，並送入大腸桿菌細胞內，利用大腸桿菌為宿主大量製造出胰島素，可作為治療糖尿病藥物之用（圖5-16）。

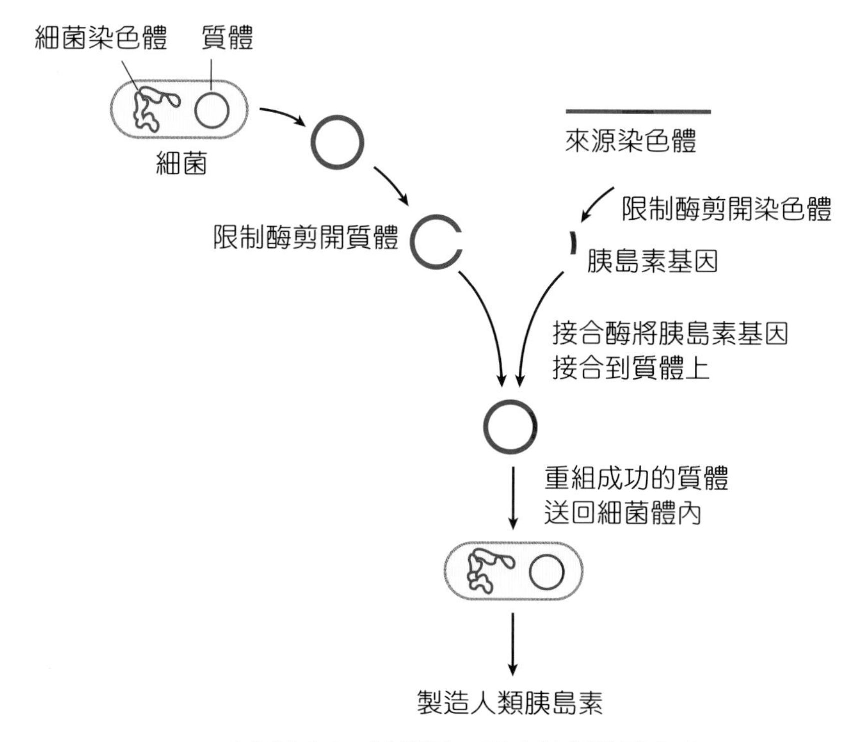

圖5-16　以基因工程方法製造胰島素

四、基因療法

所謂**基因療法(gene therapy)**指的是將正常基因轉殖到人體細胞，用以取代原有的缺陷基因，如此可以克服由於基因缺陷所引起的疾病。

在1990年，美國一位患有**腺核苷脫胺酶(adenosine deaminase, ADA)**缺乏症的4歲女童首先接受基因療法，治療後病情得到改善，從此陸陸續續有許多科學家嘗試用此法醫治許多疾病，例如遺傳性疾病、愛滋病、帕金森氏病、心血管疾病與癌症等。

ADA缺乏症的基因療法是先從患者的血液取出淋巴球，再以病毒為媒介，將正常的ADA基因轉殖到患者的淋巴球，最後將已植入正常ADA基因的淋巴球送回患者體內（圖5-17）。

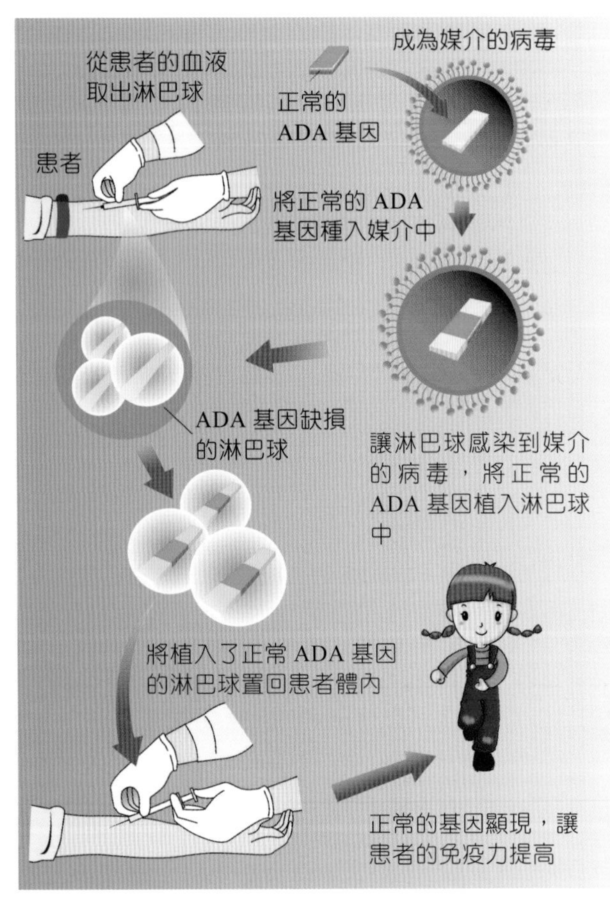

▲ 圖5-17　ADA缺乏症的基因療法

基因療法的技術仍在發展中，雖然它是未來醫療技術的明日之星，但目前貿然實施此種治療，仍要負擔相當程度的風險。例如使用病毒當作正常基因的載體，有可能造成患者受到病毒感染或引發免疫反應。在1999年，一位美國青年在賓夕法尼亞大學人類基因治療中心接受基因治療後，發生急性系統性炎症反應，最後因全身器官壞死而過世，成為世界上首位因基因療法而死亡的案例。

雖然基因療法已發展多年，但其人體試驗仍處在摸索階段，目前仍然面臨新的突變、病毒感染、損害組織、導致癌症發生與引發免疫反應等副作用，這些問題都是科學家所要克服的重點。一旦基因療法技術成熟後，相信很多目前無法根治的疾病都有可能得到治療。

五、生物晶片

生物晶片(biochip)泛指使用微機電技術製成微小化裝置，來進行生物性反應或分析。它可以用來大量的篩檢藥物、檢測病原體、處理生物樣品、進行生化反應與分析生物體組成等。應用範圍相當廣泛，具有微小化、速度快、平行處理、看到全面等特性。

生物晶片運用微點陣技術，將生物分子（如DNA、RNA、蛋白質、醣類）樣本縮小在玻片尺寸的「晶片」上，便可以同時偵測成千上萬種不同的基因、蛋白質或其他分子（圖5-18）。

以基因晶片為例，在一片小小的生物晶片上，可以布放數萬個基因片段，同時測試數萬個基因的表現。換句話說，過去研究者必須針對每個基因個別研究，如今藉助生物晶片，可以同時得知數萬個基因的測試結果（圖5-19）。

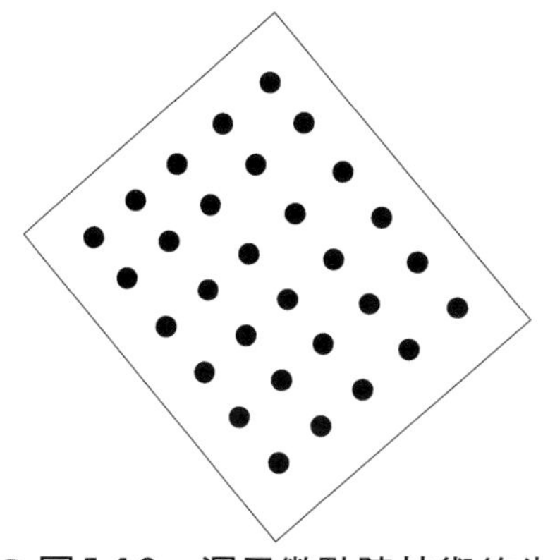

圖5-18　運用微點陣技術的生物晶片

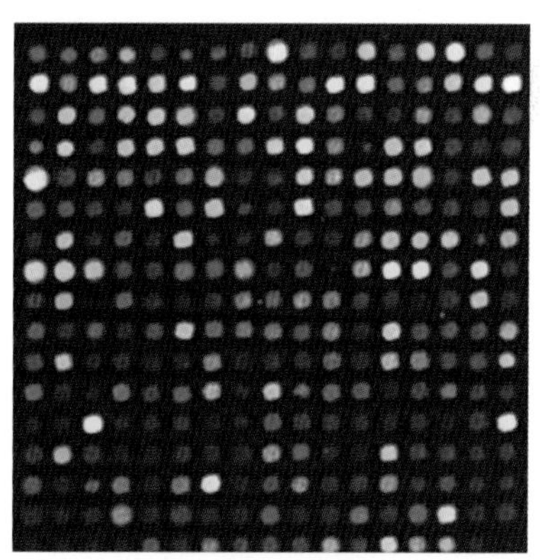

圖5-19　DNA晶片，圖中不同顏色的點代表不同情況的基因表現

在此我們舉出一個例子說明基因晶片的重要性。以往醫療的過程中，常需培養病人的檢體，以了解病人遭受哪種病原體的感染，但是傳統的檢體培養大多要7~10天，如果病人得的是急症，無疑此種檢體培養相對而言緩不濟急，無法立即幫助醫師對症下藥。如今有了基因晶片之後，可以將多種病原體的基因放置在

晶片上，藉由此種晶片對檢體的全面檢驗，只要數分鐘或數小時即可鑑別感染來源，大大提高病人治癒的機會。目前市面上已有腸病毒檢驗晶片、發燒病原檢驗晶片等的商品。

在可以預見的未來，每個人身上可能都帶著一張記錄分析自己DNA的生物晶片，裡頭不僅看得出身體的健康情況，甚至可以預知將來可能罹患哪些疾病。它將有如身分證，找工作、買保險、找對象、結婚都得用到它。

六、生物可分解塑膠

科學家已能從植物提煉出塑膠，這種塑膠主要的材料是澱粉、聚乳酸及纖維蛋白質，具有**生物可分解(biodegradation)**的性質，這種塑膠有一定的壽命，最後會被微生物分解成二氧化碳與水，所以不會造成環境的汙染。

生物可分解塑膠的做法是從植物（如玉米、馬鈴薯等）萃取澱粉，加入微生物使澱粉液發酵，發酵過程中微生物體內會累積聚合物，將微生物之細胞壁打碎，萃取出聚合物，這些聚合物就可用來製造塑膠（圖5-20）。

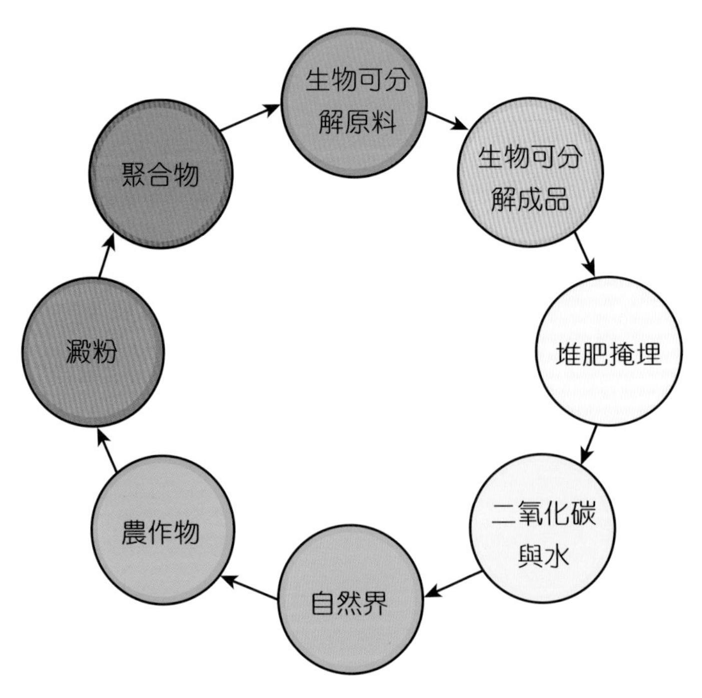

圖5-20　生物可分解塑膠在大自然的循環過程

EXERCISE

一、選擇題

5-1

( )1. 應用發酵技術製成的產品不包括下列何者：(A)果汁 (B)泡菜 (C)酒 (D)養樂多。

( )2. 傳統的生物技術以發酵技術與下列何者為主：(A)雜交育種 (B)基因重組 (C)細胞培養 (D)基因轉殖。

( )3. 將螢火蟲發螢光的基因移到豬身上得到螢光豬，這個過程稱為什麼？(A)生物複製 (B)基因治療 (C)基因轉殖 (D)基因剔除。

( )4. 細胞要能長期培養而不受汙染首重下列何者：(A)無菌操作 (B)標準操作 (C)隔離操作 (D)實驗操作。

( )5. 何種技術應用人工方法把生物的遺傳物質DNA分離出來，在體外進行切割、接合：(A)基因重組 (B)基因治療 (C)基因跳躍 (D)基因剔除。

( )6. 顯微注射法用於下列何者：(A)基因解碼 (B)基因治療 (C)基因轉殖 (D)基因剔除。

( )7. 用來連接DNA的酵素是下列何者：(A)唾液澱粉酶 (B)胰蛋白酶 (C)接合酶 (D)限制酶。

( )8. 利用何種物質可將馬鈴薯和蕃茄的細胞融合在一起？(A)氯化鈉 (B)甘油 (C)三磷酸腺苷 (D)聚乙烯甘醇。

( )9. 複製羊的過程是先從A羊取出細胞核，再從B羊取出卵細胞，然後將A羊細胞核植入B羊已去核之卵細胞，再以電刺激使分裂成胚胎，最後將胚胎放入另一隻C羊體內，生下的小羊就是桃莉。所以桃莉的代理孕母是下列何者：(A) A羊 (B) B羊 (C) C羊 (D)以上皆是。

( )10. 為了延長酵素的壽命、提高酵素的催化活性，人們發展了何種技術，將酵素限制在一定空間內，使其能連續而重複的使用。(A)發酵技術 (B)固定化技術 (C)層析技術 (D)無菌技術。

5-2

(　)11. 哪種微生物的毒蛋白能有效地殺死害蟲？(A)蘇利菌　(B)大腸桿菌　(C)農桿菌　(D)酵母菌。

(　)12. 藉由何種技術可使一個植物的細胞發展成為完整植物。(A)組織培養　(B)基因治療　(C)基因轉殖　(D)發酵技術。

(　)13. 植物的何種組織是指尚未有任何分化型態的細胞團塊，這些細胞團有再為植株的潛力：(A)保護組織　(B)輸導組織　(C)支持組織　(D)癒傷組織。

(　)14. 哪一項是細菌內部的一種環狀DNA？(A)膠體　(B)形體　(C)流體　(D)質體。

(　)15. 哪一項不屬於基因工程藥物：(A)胰島素　(B)膽固醇　(C)干擾素　(D)凝血因子。

(　)16. ADA缺乏症是指白血球缺乏何種酵素，導致免疫功能失常：(A)胰島素　(B)腺核苷脫胺酶　(C)限制酶　(D)胰蛋白酶。

(　)17. 生物晶片無法偵測何種分子？(A) DNA　(B) RNA　(C)脂肪　(D)蛋白質。

(　)18. 將正常基因轉殖到人體細胞，用以取代原有的缺陷基因，如此可以克服由於基因缺陷所引起的疾病，此種方法為下列何者：(A)基因重組　(B)基因治療　(C)基因轉殖　(D)基因剔除。

(　)19. 哪一項是使用微機電技術製成微小化裝置，用來進行生物反應：(A)生物農藥　(B)生物晶片　(C)生化反應器　(D)生物可分解塑膠。

二、問答題

1. 如果出現複製人，會對人類產生哪些影響？
2. 生物性農藥與化學農藥有何差異？
3. 你認為哪一項生物科技的應用最重要，為什麼？

生物與環境

本章大綱

6-1 族群與群集

族群(population)是指在某個時間一群生活在特定地區的同種生物，例如2013年淡水河口同種的招潮蟹就是一個族群。在某個時間的特定區域中，族群和族群彼此發生交互作用，進而產生一個生活上息息相關的集團，稱為**群集(community)**，例如2013年淡水河口的招潮蟹與彈塗魚就是一個群集（圖6-1）。在某個時間的同一區域中，生物群集和生活環境構成**生態系(ecosystem)**，例如2013年淡水河口生態系，包括了當時生活在淡水河口的不同種類的動植物與沙灘、河水等地理環境。

(a)招潮蟹

(b)彈塗魚

圖6-1　淡水河口常見的生物

一、族群密度

族群密度是指單位空間內族群的個體數，可用來了解族群的狀況。其計算方式如下：

$$族群密度 = \frac{族群的個體數}{族群生活的空間}$$

影響族群大小的因素有出生、死亡、遷入、遷出等四個因素（圖6-2），當出生加遷入數量等於死亡加遷出數量，代表族群達到平衡狀態；當出生加遷入數量大於死亡加遷出數量，代表族群擴增；當出生加遷入數量小於死亡加遷出數量，代表族群縮小。族群密度單獨存在不具意義，要經過比較才可以探討其密度改變的的原因，例如某地區去年之赤腹松鼠密度為26隻／平方公里，今年之赤腹松鼠密度變為15隻／平方公里，代表該地區之赤腹松鼠族群數量減少。

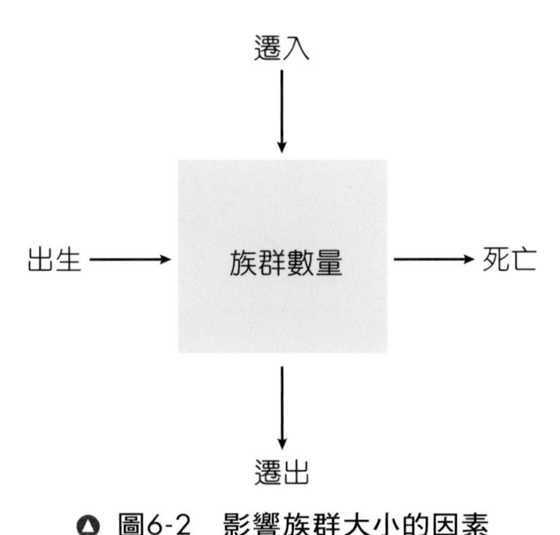

圖6-2　影響族群大小的因素

二、生物間的交互作用

生活在同一棲地的生物之間彼此都有一些交互作用存在，這些交互作用包括**掠食、競爭、寄生、共生**等。

(一) 掠 食

掠食(predation)是指某些生物（掠食者）獵捕其他生物（被掠食者）為食的行為，例如老鷹獵捕魚、獅子獵食斑馬等行為（圖6-3）。

(a)老鷹獵捕魚

(b)獅子獵食斑馬

圖6-3　生物的掠食

(二) 競 爭

競爭(competition)是指生活在同一區域的生物間爭奪共同資源所發生的現象，可分為種內競爭與種間競爭，競爭結果往往勝者生存，弱者被淘汰。例如斑馬為吃草而競爭，屬於種內競爭；斑馬與羚羊為吃草而競爭，屬於種間競爭。

(三) 寄 生

寄生(parasitism)是指某些生物（寄生物）寄居在其他生物（寄主）的體內或體表，獲取寄主的養分與能量。例如蛔蟲寄生於人體消化道、跳蚤寄生於狗的體表。

(四) 共 生

共生(symbiosis)是指不同種的生物共同生活而獲利的現象。如果只有利於一方，無害於另一方，稱為**片利共生(commensalism)**，例如鳥巢蕨能著生於大樹，利用大樹取得較好的生長條件，但大樹並未獲得好處與壞處（圖6-4(a)）。如果共生是有利於雙方，稱為**互利共生(mutualism)**，例如螞蟻與蚜蟲生活關係，螞蟻從蚜蟲身上取得蜜露，而蚜蟲則得到螞蟻保護（圖6-4(b)）。

(a)鳥巢蕨與大樹的片利共生

(b)螞蟻與蚜蟲的互利共生

圖6-4 生物的共生

三、天 敵

天敵是具有寄生或捕食能力的生物。所謂螳螂捕蟬、黃雀在後，因此螳螂就是蟬的天敵，黃雀就是螳螂的天敵（圖6-5）。在自然環境裡，當某族群數量過多時，天敵扮演著生態平衡者的角色，因為天敵能藉由捕食、寄生等方法殺死生物，並降低該生物的族群數量。所以人們可以將天敵釋放於田間，達到控制害蟲的密度，此種方法稱為**生物防治(biological control)**，生物防治若有效運作，可降低害蟲的數量，並減少化學農藥的使用（表6-1）。例如在1880年代，美國加州發生有史以來最嚴重的入侵種— 吹綿介殼蟲危害柑桔產業，後來有人引進吹綿介殼蟲的天敵—澳洲瓢蟲，並大量飼養、釋放後，才成功壓制吹綿介殼蟲的危害，挽救了加州的柑桔業。

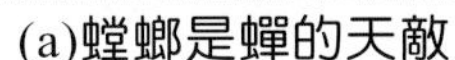
(a)螳螂是蟬的天敵

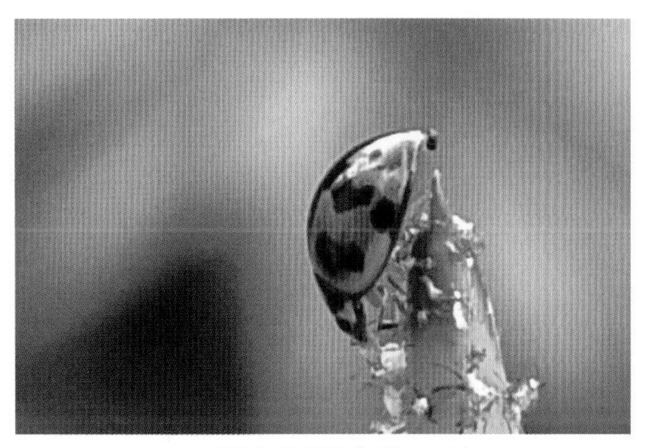
(b)瓢蟲是蚜蟲的天敵

圖6-5　各種天敵

表6-1　台灣近年來引進的天敵

年代	引進單位	天敵	天敵害蟲	天敵原產地
1990	特有生物研究保育中心	小黑瓢蟲	螺旋粉蝨	夏威夷
1990	特有生物研究保育中心	矮小蜂	螺旋粉蝨	夏威夷
1991	台糖研所	甘蔗綿蚜寄生蜂	甘蔗綿蚜	印尼
1992	亞蔬中心	小菜蛾寄生蜂	小菜蛾	尼加拉瓜或牙買加
1992	亞蔬中心	小菜蛾蛹寄生蜂	小菜蛾	瑞士
1993	省農試所	歐洲玉米螟幼蟲小繭蜂	亞洲玉米螟	美國

四、外來種

外來種是指透過人力媒介而出現於非原生環境的物種。當外來種侵入原生環境以後，往往由於缺乏天敵，使得外來種生物在短時間內族群即可快速膨脹，導致原生物種族群減少甚致絕滅，尤其台灣是小型島嶼，擁有獨特的生態系，對於外來種生物的侵入更加敏感與脆弱。

外來種生物的引入管道，可區分為非蓄意引入與蓄意引入。非蓄意引入管道最難預防與控制，例如暗藏在飛機、船隻、汽車的生物，或者是伴隨合法引入生物而來的病原體或寄生蟲。蓄意引入管道通常與人類自身的利益有關，蓄意引入的目的包括科學研究、生物防治、宗教放生、娛樂觀賞與食用等（圖6-6）。

回顧台灣的外來種生物引入歷史，有些例子頗為成功，例如為了防治紅胸葉蟲，我國在1983年由關島引進紅胸釉小蜂進行釋放，至目前為止，已有90%的寄生率，因而有效防治了紅胸葉蟲對椰子的危害。然而，因外來種生物入侵而造成生態浩劫的例子也不勝枚舉，例如國人曾為食用目的引進福壽螺，卻因味道不佳而任意棄置，後來造成農業的嚴重損失。所以對於外來種生物的引入應加強管理，配合動植物防疫檢疫法令的把關，方能防患外來種生物對生態環境的危害。

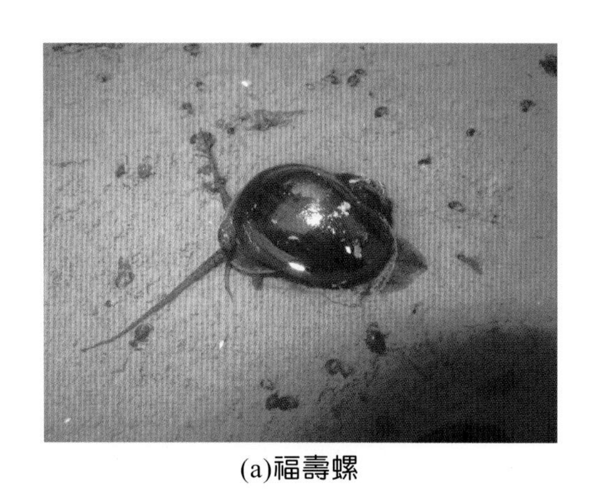

(a)福壽螺

(b)巴西烏龜

(c)牛 蛙

(d)吳郭魚

圖6-6　台灣常見的外來種生物

6-2 生態系

在某個時間的同一區域中，生物群集和生活環境構成**生態系**。生態系是生物和環境間彼此發生交互作用所組成，生態系沒有一定的大小，小如一灘水池，大至整個地球，都可視為是一個生態系（圖6-7）。不同的生態系在群集結構與地理環境也都不相同，常見的生態系包括森林生態系、草原生態系、沙漠生態系、淡水生態系、河口生態系與海洋生態系等。生態系包含生物與非生物因子的組成、能量傳遞、物質循環。

在每個生態系中，生物為了維持生命，必須獲取能量與養分，因而與別種生物產生交互作用，依照各種生物在營養階層上所扮演的角色和功能差異，可將生物分成**生產者(producer)**、**消費者(consumer)**和**分解者(decomposer)**。

圖6-7　生態系有其獨特的群集結構與地理環境

植物能利用太陽的能量，將無機物合成有機物，因此被稱為生產者。消費者以其他生物為食，其中草食動物是最先食用生產者的生物，又被稱為初級消費者；食用初級消費者之生物被稱為二級消費者；食用二級消費者之生物被稱為三級消費者。分解者包括真菌和細菌，他們能分解死亡動植物以獲取能量。

若將各種生物的取食關係連接在一起，初級消費者吃生產者，二級消費者吃初級消費者，分解者分解死亡生物，就會形成**食物鏈(food chain)**。例如：

草　→　羚羊　→　獅子
（生產者）（初級消費者）（二級消費者）

但是生態系中各種生物的取食關係並非僅靠食物鏈即可表示，通常眾多食物鏈之間都互有影響，這些關係將食物鏈和食物鏈間交織成更複雜的**食物網(food web)**（圖6-8）。

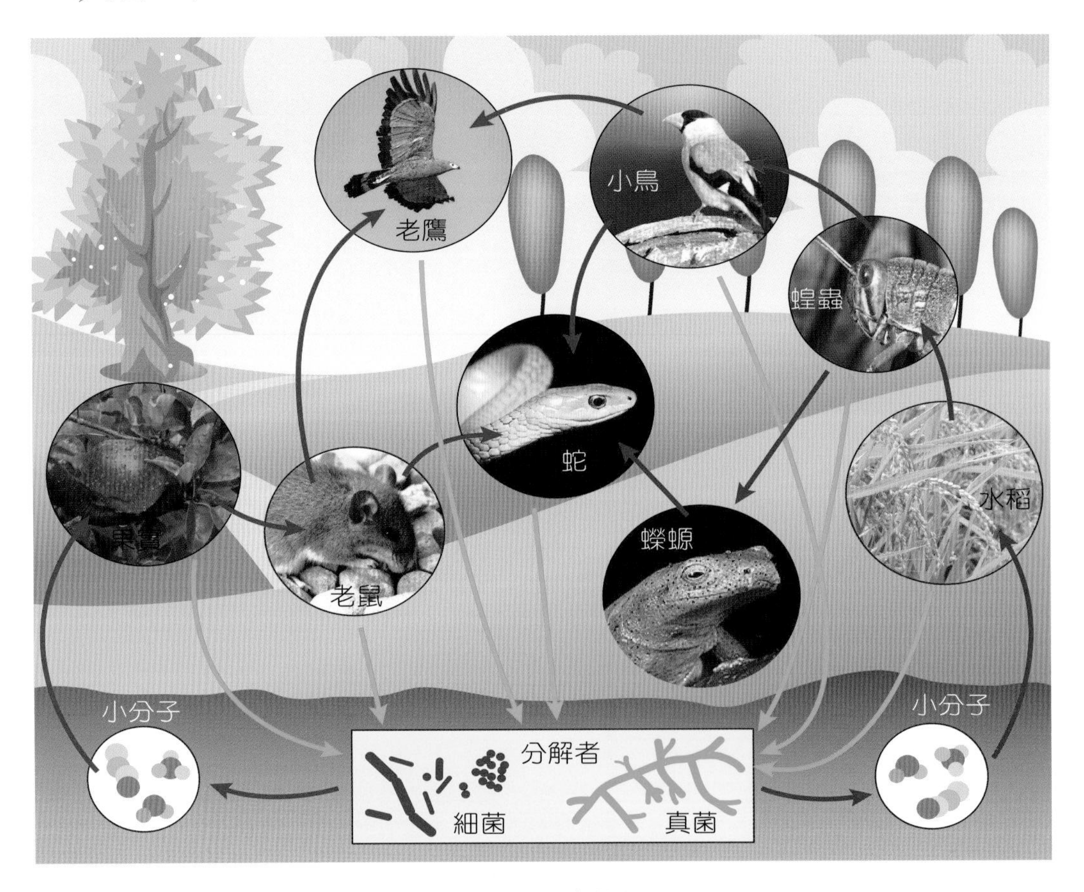

△ 圖6-8　食物網

一、能量傳遞

生物間能量的流動是單方向的，不能被循環利用。生產者以光合作用將太陽能轉變成化學能，儲存在植物體內。初級消費者吃下植物體時，植物體內的能量傳遞至初級消費者體內；當二級消費者吃初級消費者時，初級消費者體內的能量傳遞至二級消費者體內。按照此種食性關係，生物間能量就在食物鏈或食物網中不斷流轉。

能量在食物鏈中由較低的食性層次流向較高的食性層次過程中，能量無法完全轉移至下一個生物體，其轉化效率約百分之十，大多數能量以熱能形式流失，此種能量傳遞關係稱為**百分之十原則(rule of 10)**。因為能量會隨著營養階層逐漸耗損，以圖形表示將呈現金字塔狀，稱為**能量金字塔(energy pyramid)**（圖6-9）。若從此項觀點視之，人類若能選擇營養階層較低的生物為食，將可獲得較高的能量，所以多蔬食、少吃肉，除了對健康有幫助以外，亦有助於解決全球缺糧危機。

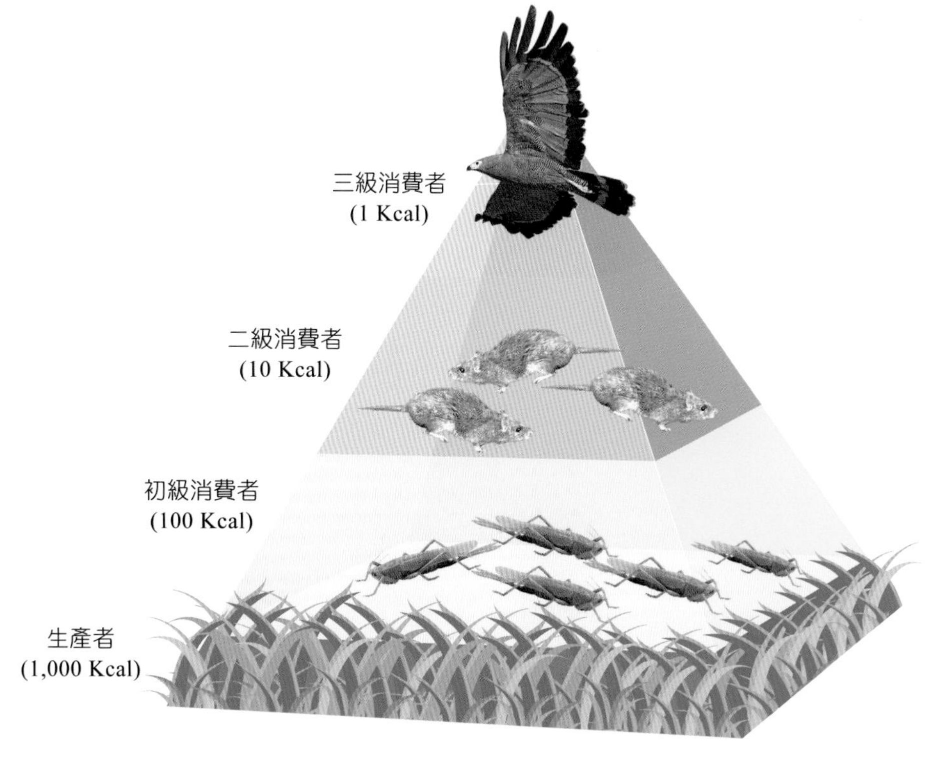

圖6-9 能量金字塔

二、物質循環

生物除從食物得到能量以外，同時也得到了養分，用來建造生物體的組織。能量來自太陽，流經生態系，由一個營養層級傳遞到下一個營養層級，途中會散失在環境當中。但是物質循環不同於能量傳遞，例如**碳循環(carbon cycle)**與**氮循環(nitrogen cycle)**，生物所需要的物質不斷地在循環且被利用，此時此刻留在你身上的某個元素，可能曾經是高山上的岩石，也可能曾經是已經絕種的恐龍身體的一部分。

（一）碳循環

碳是構成許多物質的基本元素，也是生物體重要的組成元素，幾乎所有生物都含至少49%的碳，而碳所形成的二氧化碳更是大氣中調節地球溫度的重要因子。因此了解碳循環，有助於了解生物與環境之間的關係。

植物以光合作用的方式，將二氧化碳轉變成碳水化合物，進而在食物網中傳遞，此為碳進入生物體的方式。而生物體的呼吸作用、分解作用與石化燃料的燃燒都會將碳重新帶回大氣中（圖6-10）。

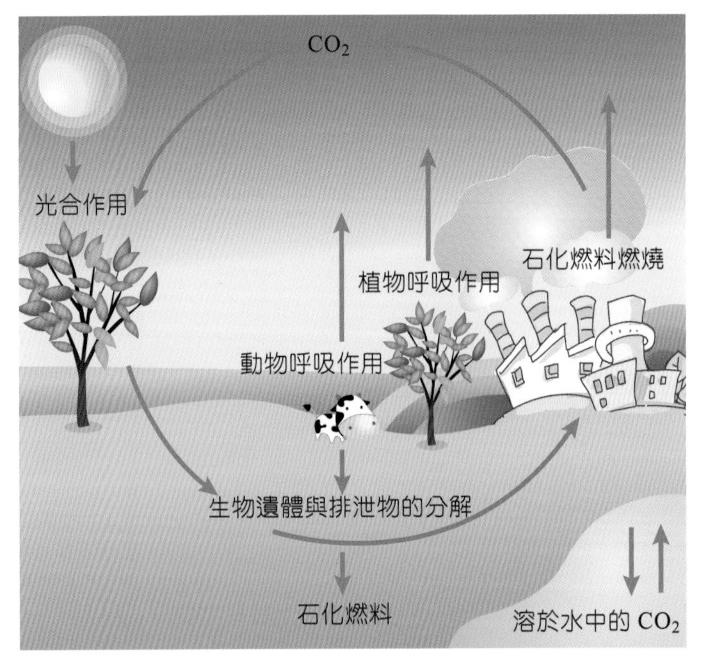

圖6-10　碳循環

（二）氮循環

蛋白質是構成生物的主要成分，蛋白質含氮，因此氮對生物非常重要。植物靠吸收土壤中的硝酸鹽(NO_3^-)獲得氮；草食性動物以植物為食物，藉攝食將氮傳遞至體內，再沿食物鏈將氮傳遞至較高營養層級的生物。除空氣中的氮氣(N_2)以外， 生物體內及動物排泄物都含大量的氮，為使氮得以循環，自然界的閃電及微生物的作用也不可缺少（圖6-11）。

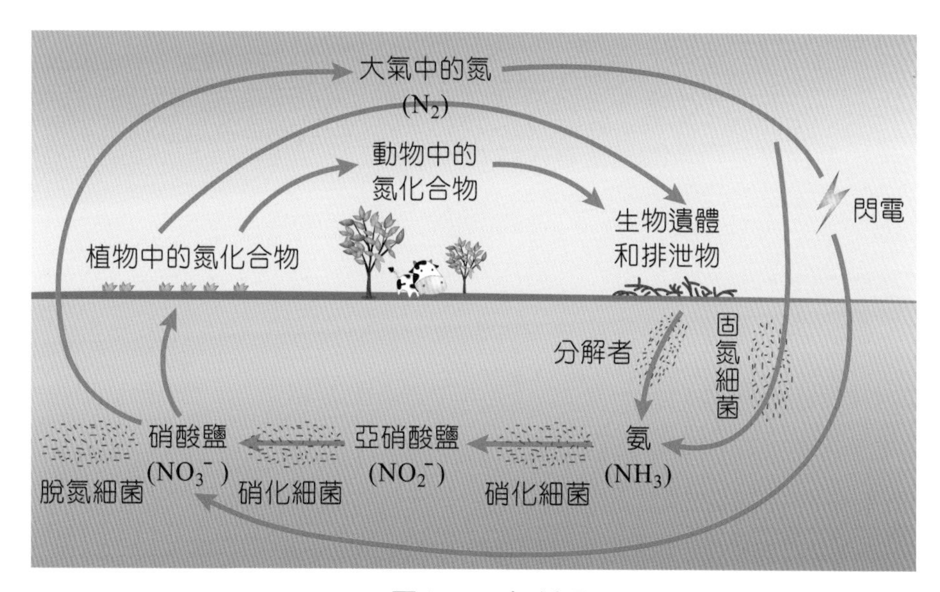

圖6-11　氮循環

1. 閃 電

空氣中的氮氣可經由閃電與雨水作用後變成硝酸鹽，硝酸鹽進入土壤後，再被植物吸收。

2. 固氮細菌

大氣中約有78%是氮氣，可是只有少數生物能應用這些氮氣，固氮細菌是其中之一。固氮細菌生活在泥土或豆科植物的根瘤中，它們能將空氣中的氮氣轉變成氨(NH_3)。

3. 分解者

分解者將動植物屍體及動物排泄物分解成氨，這過程稱為分解作用。

4. **硝化細菌**

泥土中的氨被硝化細菌氧化成亞硝酸鹽(NO_2^-)，最後變成硝酸鹽(NO_3^-)，這過程稱為硝化作用，硝酸鹽可被植物吸收。

5. **脫氮細菌**

脫氮細菌將泥土中的硝酸鹽轉變成氮氣釋回大氣中，此過程稱為脫氮作用。

三、生態平衡

當生態系統的能量流動與物質循環保持平衡狀態，稱為生態平衡，此時組成生態系統的動物與植物在數量上會保持相對的穩定狀態。

生態平衡是一種動態平衡，生態系統的各組成成分都在按一定的規律變化著，系統中能量在不斷地流動，物質在不斷地循環，整個生態系統時刻處於動態之中。例如在一個森林生態系中，當森林害蟲數量增多時，以這種害蟲為食的鳥類就會因獲得更多的食物而大量繁衍，一旦鳥類數量增多時，導致害蟲被大量獵捕而減少，於是鳥類因食物來源短缺而數量減少，於是兩個族群又趨向一個平衡狀態。

但是生態系統的自動調節能力是有限的，當外部衝擊或內部變化超過了某個限度時，生態系統的平衡就可能遭到破壞。特別是人類的科技力量已大到足以破壞整個自然界的生態平衡，人們若不能維護地球環境，就可能會遭到大自然無情的反撲。

你知道嗎？

根據臺灣動物研究學會的調查，臺灣宗教團體每年至少放生750次，數量高達2億隻。「放生」後的動物，離開原來的生長環境，常因適應不良而死亡，僥倖不死者，常造成放生地環境改變或生態上不利影響，間接為害當地原有物種的生存。例如，大量野放的吳郭魚、琵琶鼠魚等其他外來魚種，已造成原生魚族種類及數量大量減少，甚至瀕臨絕滅。

6-3 自然保育與永續經營

一、人口問題

世界人口自工業革命以後不斷高速成長，從西元500年的2億人口，至西元1000年的4億人口，飆升至目前的60多億人口，目前整個人口正以指數方式急速成長，人口成長曲線類似J形曲線，聯合國估計2050年的世界人口將會達到90億（圖6-12）。

人口數量急遽膨脹，意味著地球資源、能源的過度消耗，使得人類賴以生存的環境更易遭到破壞，於是地球生態系統面臨更大威脅。地球是我們的家園，而這個家園所能養活的人口數量是有限的。有科學家估計當世界人口達到100億時，地球上的水、土地以及其他資源的承載能力將達到極限。

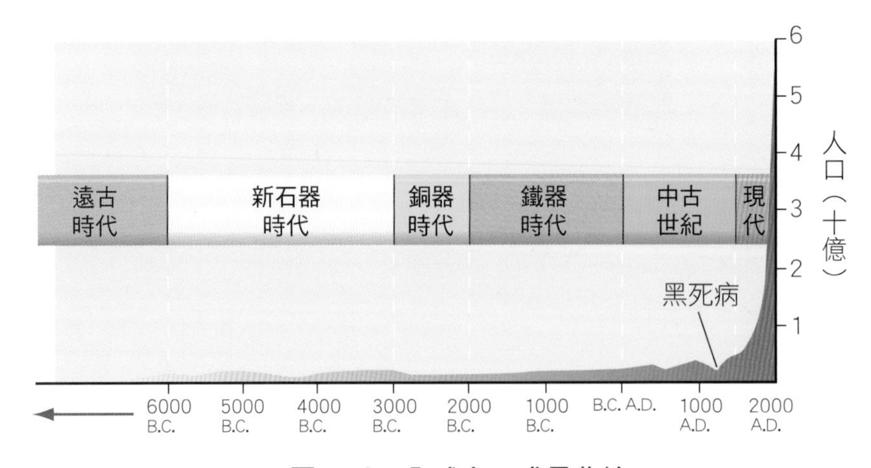

圖6-12　全球人口成長曲線

二、資源過度使用對生態環境的影響

為了因應人口的急遽增加，包括土地、能源、水源、海洋、動物與植物等資源，都已被人類過度利用。雖然有些資源可以再生，但是絕大多數的資源卻是在短時間內無法再生的，畢竟生物圈中沒有取之不盡、用之不竭的資源，所以資源的過度利用會對生態系造成嚴重的威脅。

為了提高耕地面積和種植頻率，人類已過度開發許多土地，像台灣經過數十年的濫墾濫伐，山坡地原本茂盛的自然植被已被果樹、茶樹、檳榔樹所取代，每當大雨之後，土壤就嚴重的流失，甚至造成水庫淤積與土石流出現。此外人們種植作物所使用的農藥、肥料，嚴重影響土壤品質，再經過雨水沖刷，也會造成河川的水質汙染。而原本生存在原始山坡地上的野生動植物，也會因為棲息地的破壞或汙染，造成族群數量銳減甚至滅絕。例如數十年前台灣到處可見螢火蟲的蹤跡，但是現在只能在少數區域看到螢火蟲（圖6-13）。

▲ 圖6-13　螢火蟲

三、資源回收再利用

為使環境永續發展，減輕環境負荷，人類必須節約自然資源的使用，減少廢棄物產生，促進物質回收再利用。

丟棄不用的物品當中有很多是可以回收利用的，例如廚餘、紙類、金屬、塑膠與電池等。

（一）廚餘回收

日常生活中所產生之剩菜、剩飯、蔬菜、果皮、茶葉渣等有機廢棄物，皆可稱為廚餘，廚餘易腐敗、產生臭味及吸引蚊蠅，此外廚餘含水率高，不適於焚化處理。而若採掩埋方式將可能造成臭味及滲出水等二次汙染問題，因此將廚餘分類回收再利用為最佳處理方式。

回收廚餘有下列益處：

1. 可使垃圾減量，降低垃圾處理成本，延長掩埋場及焚化廠的使用年限。
2. 廚餘不混入垃圾中，可減少垃圾中的水分，有益於焚化爐的燃燒效率。
3. 「廚餘」分類回收，可使家庭的垃圾較不發臭，減少垃圾處理的困擾。
4. 廚餘轉化成有機培養土，可做為肥料。廚餘也可做為養豬飼料，算是一種資源再利用。

（二）紙類回收

木材是紙纖維的主要來源。每製造1公噸紙張（約相當於5,000份報紙）需消耗20棵高度8公尺、樹徑16公分的原木，每棵樹要長到如此，平均約需20~40年的時間。砍伐原始森林可能造成生態環境難以回復的破壞。因此，造紙的木材最好取自管理完善的商業森林，才能確保森林資源的永續利用和維持生態平衡。造1公斤的紙約需用2.7公斤的木材、130克的石灰、85克的硫、40克的氯和300公升的水，而用氯漂白是造紙過程中，水汙染的主要來源。因此，減少使用紙張，使用再生紙，盡量使用未漂白的紙，都會對環境有所助益。

（三）金屬回收

台灣缺乏金屬原料，大部分的金屬原料來自進口或廢料回收。開採金屬礦會對生態環境與景觀造成破壞，冶煉金屬也要消耗相當的能源和資源，並產生空氣汙染物。常用的金屬容器為鐵與鋁罐，他們分別是由鍍錫鐵皮和鋁皮製成。

把鐵罐和鋁罐分開是回收的第一步。鐵罐通常較硬，而且有接縫，可以很容易就辨識出來。回收的鐵、鋁會在回收站被壓縮成塊，然後分別送到煉鋼廠或熔鋁廠再製成鋼鐵或鋁錠，進一步用來製造各種金屬成品。用回收的鋁罐來製鋁，比用鋁礬土能減少82%的能源消耗、85%的空氣汙染、80%水汙染與90%的廢棄物。用回收的鐵罐來煉鐵，比用鐵礦能減少52%的能源、68%的空氣汙染、72%的水汙染與95%的廢棄物。

（四）塑膠回收

塑膠是從石油提煉出來的產物。石油的開採、運輸和煉製，都會消耗相當的資源與能源，也會對環境造成影響。回收後的塑膠瓶大部分均倚賴人工分類，然後各類塑膠瓶分別被壓縮打包，送往再生工廠，經過粉碎、清洗、乾燥等過程，再製成二次塑膠原料，這些原料可以用來製造各式塑膠品（圖6-14）。

圖6-14　2010年世界盃足球賽中，美國、葡萄牙、荷蘭、巴西等9國的球衣，都是台灣以寶特瓶回收重製的喔！

（五）電池回收

各種類型中的乾電池含有的重金屬也不盡相同，有汞、鎘、鉛、鋅、錳、鎳、鈷、鐵等。如果廢電池不加以回收，而混在垃圾中加以掩埋，有害的重金屬將隨滲漏水進入土壤和水源，而汙染了四周的環境，進而間接被人體所吸收。因人體無法排出重金屬，在經年累月的吸收下，就會容易產生重金屬中毒。

四、汙染防治

汙染防治除了消極地清除環境中的汙染物以外，更應積極地防止汙染的產生，才能回復人類所破壞的自然環境並達到永續經營的目的。

（一）水汙染防治

水在人類生活中扮演多種角色，它除了提供人類生活所需外，尚提供農田灌溉、發電、工業用及休憩等。但是隨著人口成長與工業活動，大量汙染物排入河川、湖泊、海域及其他水源，衍生出多樣化的水汙染問題，進而危害人類、動物、植物與生態環境（圖6-15）。

水汙染防治在政策上需採取選擇性工業的發展，來抑制高汙染性工業的成長，並對汙染源訂定嚴格的排放標準。另外要推動汙水下水道建設，控制汙水之排放。

圖6-15 大量魚群因水汙染而死亡

（二）空氣汙染防治

空氣汙染物被人體吸入後，對健康會造成不良影響。有些空氣汙染物如二氧化硫與一氧化氮會造成酸雨，酸雨對水域生態、森林、湖泊、建築物及人體健康等都具有危害性（圖6-16）。有些空氣汙染物如氟氯烷，這是一種以往使用於冰箱、冷氣機的冷媒，當氟氯烷外洩至大氣層時，會破壞臭氧層，使得紫外線大量射到地表，紫外線是引起人類皮膚癌與白內障的重要因子，也會殺死海洋中的浮游生物。有些氣體如二氧化碳會造成溫室效應，影響人類生活與地球生態甚鉅。

空氣汙染防治方面應建立工廠或車輛的廢氣排放標準，並加強管制與檢測，此外以步行或騎單車取代開車、利用大眾運輸工具、發展電動車、推廣低汙染燃料（如生質能源）與廣植樹木等，都可發揮減少空氣汙染的效果。

圖6-16　被酸雨腐蝕的雕像

五、生態工法

生態工法(ecotechnology)係指人類基於對生態系統的深切認知，為落實生物多樣性保育及永續發展，採取以生態為基礎、安全為導向，減少對生態系統造成傷害的永續系統工程。

例如2001年的納莉颱風造成台北縣后番子坑溪大面積崩塌及河道淤積，河川生態也遭受嚴重的破壞。農委會以生態工法進行復建，整治過程尊重自然環境原有生態，採「就地取材」為原則，施工材料大多採用天然石材及木材，工程設計考量當地溪流及生物棲地，並以原生種植物進行綠化。結果不僅解決河道崩塌與淤積問題，也使得原有的生態環境得以復育（圖6-17）。

(a)整治前

(b)整治中

(c)整治後

圖6-17　農委會以生態工法整治后番子坑溪過程

在重視永續環境的時代，許多專為野生動物設計的設施也逐漸增多，例如玉山國家公園有座以粗麻繩編製成的獼猴天橋，這是專為經常在此出沒的台灣獼猴橫越馬路時所設（圖6-18）。另外，陽明山國家公園在2004年建造完成了全台灣第一個動物穿越馬路之生態廊道系統，完成後長期監測結果顯示有效降低動物車禍意外的發生（圖6-19）。

圖6-18　玉山國家公園之獼猴天橋

圖6-19　陽明山國家公園之動物穿越涵洞號誌

六、生物多樣性的保育

生物多樣性(biodiversity)包含生態系多樣性、物種多樣性與基因多樣性等三個層次。生態系多樣性是指某一地區蘊含多種的生態系，例如農地、森林、沼澤和草原等。物種多樣性是指生物種類多樣化，迄今地球上已經辨認出200多萬種生物。基因多樣性包含單一物種中不同個體的基因與遺傳變異。

生物多樣性對地球生態以至於整個人類都有重要意義，從生態而言，生物多樣性維持了地球各種生命的活動，如果某些物種消失，整個食物網可能瀕於瓦解，導致更多的物種滅絕，現在地球上每日約有100種以上的生物滅絕，預估到了2050年地球上將有四分之一以上的物種消失。人類的生存也有賴於生物多樣性，人類所有的糧食與生活用品的原料，多由各種生物提供，一旦所有物種都滅絕了，人類自己也無法獨自生存。

生物多樣性的保育以所有物種為保育對象，特別是瀕臨絕種的生物保育尤應重視，另外要加強生物棲地的維護，目前政府已在國內許多地區設立了保護區、保留區及國家公園，以落實生物多樣性保育工作的推動（圖6-20）。地球是全人類的家，我們與其他生物共同生活在地球生活圈當中，生態保育人人有責，才能使人類在地球有限的資源與空間永續發展。

圖6-20　台灣九座國家公園位置圖

EXERCISE

一、選擇題

6-1

(　　)1. 在特定的時間和空間，不同種生物個體的集合，稱為什麼？(A)群集 (B)族群 (C)生態系 (D)生物體。

(　　)2. 下列哪個選項可視為族群？(A)森林中的闊葉樹 (B)淡水河裏的魚 (C)陽明山上的蟬 (D)玉山的台灣黑熊。

(　　)3. 某一族群密度變小，最可能發生哪些現象？(A)出生率提高、死亡率提高 (B)死亡率提高、遷出率提高 (C)遷出率降低、出生率降低 (D)出生率提高、遷入率提高。

(　　)4. 某森林的松樹族群密度原為每公頃100棵，後來因蟲害造成40%的松樹死亡，則該森林5公頃的林地約剩下幾棵存活的松樹？(A) 300 (B) 600 (C) 800 (D) 1200。

(　　)5. 下列何者為蛔蟲與人類的關係？(A)共生 (B)寄生 (C)競爭 (D)掠食。

(　　)6. 存在於相同生態系的兩種生物，若其生態地位非常相近，兩者生物最可能的關係為何？(A)共生 (B)寄生 (C)競爭 (D)掠食。

(　　)7. 下列何者是蚜蟲的天敵？(A)天牛 (B)老鷹 (C)蚊子 (D)瓢蟲。

(　　)8. 臺灣的外來種生物不包括哪一項？(A)福壽螺 (B)翡翠樹蛙 (C)吳郭魚 (D)牛蛙。

6-2

(　　)9. 長頸鹿屬於：(A)生產者 (B)分解者 (C)初級消費者 (D)二級消費者。

(　　)10. 依照生物間能量的傳遞過程來看，從初級消費者一直到越高級的消費者的族群數量描述應是下列何者：(A)沒有變化 (B)忽多忽少 (C)越多 (D)越少。

(　)11. 能量在食物鏈中由較低的食性層次流向較高的食性層次過程中，能量無法完全轉移至下一個生物體，其轉化效率約？(A) 5%　(B) 10%　(C) 20%　(D) 30%。

(　)12. 幾乎所有的生物至少都含有多少百分比的碳？(A) 9%　(B) 29%　(C) 49%　(D) 99%。

(　)13. 植物靠吸收土壤中的何種物質獲得氮？(A)硝酸鹽　(B)碳酸鹽　(C)磷酸鹽　(D)礦物質。

6-3

(　)14. 科學家估計當世界人口達到多少億時，地球上的水、土地以及其他資源的承載能力將達到極限？(A) 50　(B) 100　(C) 200　(D) 400。

(　)15. 哪一項是廚餘不適於焚化處理的原因：(A)含水量高　(B)氣味不好　(C)含碳過高　(D)不易運送。

(　)16. 何種物質會破壞臭氧層，使得紫外線大量射到地表？(A)氟氯烷　(B)水蒸氣　(C)二氧化碳　(D)一氧化碳。

(　)17. 下列何者是造成地球暖化的溫室氣體？(A)二氧化碳　(B)氫氣　(C)氧氣　(D)二氧化硫。

(　)18. 生物多樣性不包含哪個層次？(A)生態系多樣性　(B)物種多樣性　(C)形態多樣性　(D)基因多樣性。

(　)19. 哪個國家公園擁有風獅爺的特殊人文景觀？(A)墾丁國家公園　(B)玉山國家公園　(C)台江國家公園　(D)金門國家公園。

二、問答題

1. 除了課本介紹的共生例子以外，請蒐集資料，找尋其他的共生例子。
2. 何謂生物防治？
3. 何謂生物間能量傳遞的百分之十原則？
4. 回收廚餘有何益處？
5. 你認為還有哪些方法可以促進自然保育？

APPENDIX

附錄

本章大綱

附錄一　圖片來源

圖號或頁碼	來源
p.1	本圖已取得典匠資訊有限公司授權使用，引用來源：Bruce Rolff
1-1	http://userpages.umbc.edu/~scarngoma_jun07/pages/20_lava_lake_17jun07.htm
1-5	林坡朋提供
1-6b	http://hljh.tcc.edu.tw/teach%E6%A0%A1...%E7%89%A9/%E5%90%AB...%E8%8D%89/%E5%90%AB...8D%89.htm
1-7c	http://bioweb.uwlax.edu/bio203/s2007/kolinski_alis/images/mom%20and%20cubs%20-reproduction.jpg
1-8a	http://img.index.hu/cikkepek/0802/tudomany/mycoplasma.JPG
1-8b	http://www.algaebase.org/webpictures/Aceace12jpg.jpg
1-9a	http://lpl.hkcampus.net/~lpl-alkk/page%204.htm
1-11	http://www.botany.utexas.edu/facstafffacpages/mbrown/newstat/stat38.htm
1-23a	http://elliottback.com/wp/wp-content/uploads/2008/10/staphylococcus.jpg
1-23b	http://www.mieliestronk.com/bakterie.html
1-23c	http://www.fsbio-hannover.de/oftheweek/178/Helicobacter_pylori16k.jpg
1-24a	http://tupian.hudong.com/a0_23_51_01300000244526122904514535143_jpg.html#
1-24b	http://www.protist.i.hosei.ac.jp/PDBGalleries/USA1999/Species/Euqlena1.html
1-24c	http://www.flickr.com/photos/bluebird/3154761956/
1-25a	http://content.edu.tw/junior/bio/tc_wc/textbook/ch10/book10-14.jpg
1-25c	http://www.musee...ier.qc.ca/frindex.php...oqueforti
1-26a	http://www.anbg.gov.au/bryophyte/photos-800/anthoceros-101.jpg
1-26b	http://www.flickr.com/photos/27868287@N03/2597561757/
1-27a	http://zh.wikipedia.org/zh-tw/File:Equisetum_arvense_stem.jpg
1-27b	http://pic.pimg.tw/jony989/normal_4ae114fbe6215.jpg
1-27c	林坡朋提供

圖號或頁碼	來源
1-28a	林坡朋提供
1-28b	http://www.flickr.com/photos/11299883@N08/2677243911/
1-28d	http://link.photo.pchome.com.tw/s08/slinwang/65/124573017520/
1-31a	http://bbs.tiexue.net/post_3564903_1.html
1-31b	http://www.flickr.com/photos/sweecheng/201008015/
1-32a	http://library.hwai.edu.tw/Science/content/1987/00120216/images/955.jpg
1-32b	林坡朋提供
1-32c	http://ido.3mt.com.cn/Article/picview1085355c26p2.html
1-32d	林坡朋提供
1-33a	http://www.animalpicturesarchive.com/ArchOLD-6/1166326324.jpg
1-33b	http://upload.wikimedia.org/wikipedia/commons/f/fd/Dicrocoelium_dendriticum2.jpg
1-33c	http://www.childrensonlinebooks.com/bi284/parasites/helminthes/Taenia_pisiformis_4688.jpg
1-34a	http://www.discoverlife.org/nh/tx/Nematoda/images/Criconemoides_informis.352x300.jpg.html
1-34b	http://www.zgapa.pl/zgapedia/data_pictures/_uploads_wiki/s/Soybean_cyst_nematode_and_egg_SEM.jpg
1-34c	http://www.k-state.edu/parasitology/546tutorials/NEMFIG06.JPG
1-34d	http://www.galeon.com/taenia/images/011/ancylostomahem1.jpg
1-35c	http://upload.wikimedia.org/wikipedia/commons/3/3d/Seasquirt.jpg
1-36a	http://versatile1.wordpress.com/200808/27
1-36b	http://att.cnr.cn/month_0910/20091003_02b270c016c5e358df4fbG4j4ZnBBa9J.jpg
1-36c	http://upload.wikimedia.org/wikipedia/commons/1/18/Nereis_succinea_(epitoke).jpg
1-37c	http://tech.china.com/zh_cn/science/biology/1033/20070320/images/13998353_2007032010071191566900.jpg

圖號或頁碼	來源
1-37d	http://farm1.static.flickr.com/187/453220816_d632cc407b_o.jpg
1-38a	www.zoologie-online.de/GalerieBilder-Zoologie/Echinodermata/Asteroidea/asteroidea.html
1-38b	http://www.flickr.com/photos/atlapix/474455866/
1-38c	http://www.flickr.com/photos/97968921@N00/2403181081/
1-39c	林坡朋提供
1-39e	http://www.websbook.com/sc/upimg/allimg/080220/355308_6203.jpg
1-40a	http://bbs.cn.yimg.com/user_img/200910/08/09280_4accc82060571.jpg
1-40b	http://www-nmr.cabm.rutgers.edu/photogallery/structures/gif/spz.gif
1-40c	http://de.academic.ru/pictures/dewiki/65/Adenovirus_Kapsid_01.jpg
1-40d	http://www.jakartacitydirectory.com/files/contents/images/flu%20Avian%20Flu.jpg
1-41a	http://www.harunyahya.com/pocket_booksimmune04.php
1-41b	http://www.harunyahya.com/pocket_booksimmune04.php
1-41c	http://www.harunyahya.com/pocket_booksimmune04.php
p.33	本圖已取得典匠資訊有限公司授權使用，攝影者：Ethan Daniels
2-1b	http://www.gastronomiaycia.com/categorymateria-p...productos/page/9
2-5	林坡朋提供
2-7	http://www.ethiopian-venture.org.uk/images/tree%20ring%20picture.jpg
2-9b	林坡朋提供
2-11a	林坡朋提供
2-11b	http://www.treknature.com/galleryEurope/Romania/photo213167.htm
2-12a	林坡朋提供
2-12b	林坡朋提供
2-13a	http://www.nipic.com/show/1/57/3204df7f386cd084.html
2-13b	http://www.flickr.com/photos/fotoosvanrobin/3559914247

圖號或頁碼	來 源
2-14a	http://home.xs8.cn/attachment/200908/8/2537208_1249709122e7hx.jpg
2-14b	http://www.cascadecarnivores.com/images/nepenthes/truncata.jpg
2-18	http://www.bioon.com/biology/UploadFiles/200705/20070531140529217.jpg
2-19	www.flickr.com/photos/sumisso/2406277299
2-20	http://pic1.nipic.com/2008-12-26/2008122613515264_2.jpg
2-21	林坡朋提供
2-22	http://i33.tinypic.com/29yi63r.jpg
2-23	林坡朋提供
2-25b	http://www.flickr.com/photos/korgen/2619464830/
2-25c	林坡朋提供
2-26a	http://www.flickr.com/photos/visbeek/3901472780/
2-26b	http://beta.nmp.gov.tw/main/08/8-1/8-1a/1a/1a-3/1a-3-01.JPG
2-26c	http://www.hljh.tcc.edu.tw/teach/%E6%A0%A1%E5%9C%92%E6%A4%8D%E7%89%A9/show/%E6%A4%8D%E7%89%A9/%E8%93%96%E9%BA%BB06.JPG
2-27a	林坡朋提供
2-27b	http://www.flickr.com/photos/chiaubun/58998987/
2-27c	http://biology.missouristate.edu/Herbarium/Plants%20of%20the%20Interior%20Highlands/Flowers/Xanthium%20strumarium%2044202%20(2).JPG
2-28a	林坡朋提供
2-28b	http://tw.myblog.yahoo.com/jw!GGEgn5ucQUe5Mg3_2pMU5Qh5/article?mid=7235
2-28c	http://www.flickr.com/photos/judymonkey/4192499247/
p.55	本圖已取得典匠資訊有限公司授權使用，攝影者：Kazoka
3-11	http://shahidpages.files.wordpress.com/2009/07/image.png
3-12	http://www.biology.uc.edu/faculty/gist/bio105/macrophage.JPG

圖號或頁碼	來源
3-21	http://www.quranandscience.com/components/com_joomgallery/img_originals/human_3/sperm_20090708_1275799755.jpg
3-22	http://www.abort73.com/?/abortion/prenatal_development
3-23	林坡朋提供
p.91	本圖已取得典匠資訊有限公司授權使用，引用來源：Mopic
4-1	http://lh4.ggpht.com/_NoZOktxgVKU/SbQFEHvDWpI/AAAAAAAAEh0/8ycGaKLUj7w/s800/c00.jpg
4-6	http://gregortimlin.files.wordpress.com/2009/05/watsonjames-crickfrancis.jpg
p.107	本圖已取得典匠資訊有限公司授權使用，攝影者：Drew Rawcliffe
5-1	http://robby.nstemp.com/5_calves.jpg
5-2	http://www.glofish.com/photos.asp/
5-3a	http://pic2.nipic.com/20090407/2093458_185321023_2.jpg
5-3b	http://pic.dc.yesky.com/imagelist/07/12/2482280_2775.jpg
5-3c	本圖已取得典匠資訊有限公司授權使用，攝影者：Claudia Naerdemann
5-4	http://img.epochtimes.com/i6/705080327181887.jpg
5-5	http://www.transtechsociety.org/images/oocytemicroinjection.jpg
5-7	http://www.chinaphar.com/1671-4083/25/figs/1124f1.jpg
5-10	http://www.vforteachers.com/images/fotolia_397073%20sheep%20with%20lamb%20and%20full%20wool%20coat.jpg
5-12	http://bacillusthuringiensis.pbwiki.com
5-13	http://commons.wikimedia.org/wiki/Image:Bacillus_thuringiensis.JPG
5-14、5-15	http://www.nsc.gov.tw/files/popsc/2003_5/02-%C4%F5%AA%E1%AA%BA%BD%C6%BBs0301.pdf
5-19	http://www.wormbook.org/chapters/www_germlinegenomics/germlinegenomicsfig1.jpg
p.123	本圖已取得典匠資訊有限公司授權使用，攝影者：Willyam Bradberry
6-1a	http://blog.ss6es.tnc.edu.tw/gallery/170/48273-IMG_0163.JPG
6-1b	http://163.16.16.4/lk5121/life/my_family5/images/fishimage_09.jpg

圖號或頁碼	來源
6-3a	http://www.flickr.com/photos/27728208@N06/3291060423/
6-3b	http://www.flickr.com/photos/sublimeshooter23/4350125178/
6-4a	http://www.sciencenet.cn/muser
6-4b	http://lh6.ggpht.com/_DzrsvIOzdkY/RpsGonekxYI/AAAAAAAAPj4/9t0M8vHDGYc/IMGP3332.JPG
6-5a	http://ja.wikipedia.org/wiki/%E3%83%95%E3%82%A1%E3%82%A4%E3%83%AB:Hierodula_patellifera_preys_on_maculaticollis.JPG
6-5b	http://lh3.ggpht.com/_NZSadt5uBwY/SoUYWO8586I/AAAAAAAAAYE/FbkWXRkE5TE/%E7%93%A2%E8%9F%B2%E5%90%83%E8%9A%9C%E8%9F%B2.jpg
6-6a	http://upload.wikimedia.org/wikipedia/commons/9/9f/Pomacea_canaliculata1.jpg
6-6b	http://wylib.jiangmen.gd.cn/g/pictures/tp119/017.jpg
6-6c	http://bigphotodan.ca/pictures/1360X768/BullFrog%20(1360X768).jpg
6-6d	http://www.seaburst.com/Tilapia%20in%20Round%20003.JPG
6-08 水稻	www.flickr.com/photos/ddsnet/3732956827/
6-08 蝗蟲	www.flickr.com/photos/ctom2328/1785180628/
6-13	http://www.byteland.org/naturalist/photinus_sp_(c)2009byDante_Fenolio_07.jpg
6-14	http://news.xinhuanet.com/photo/2010-02/26/xin_49202072610202812387036.jpg
6-15	http://antictsp.files.wordpress.com/2009/12/pict1415-2.jpg
6-16	www.belmont.sd62.bc.ca/teachergeology12/photos/erosion
6-17	http://ecoeng.swcb.gov.tw/D/index.htm
6-18	http://lh5.ggpht.com/_cKAXw5uidzU/SnLtmXsZ0kI/AAAAAAAAEkE/ybwUr6pY6Kk/DPP_0013.JPG
6-19	http://lh6.ggpht.com/_j9Ow4hWBzJA/STcnGrdYNBI/AAAAAAAACRE/EbdCws638LY/IMGP5637.JPG

圖號或頁碼	來源
6-20c	http://www.apex111.com/up/%E7%8E%89%E5%B1%B1%E4%B8%BB%E5%B3%B0.JPG
6-20e	http://images.fotop.net/albums2/Patrick/Patrick93/DSG_0349.jpg
6-20f	http://marine.cpami.gov.tw/AlbumPhotoListC712.aspx?Pindex=1&Class=6132a0be-f9b8-4bf3-997f-181deca7498c,5caa4dbe-fac4-4535-9f57-d0b828ee9993&sid=4dcc65de-c0b2-446c-a4dd-240119e26bb6&urlName=sustain
6-20g	http://www.flickr.com/photos/kentishplover/297865039/
6-20h	http://www.npp.gov.tw/images/production/ba01.jpg
6-20i	http://np.cpami.gov.tw/chinese/index.php?option=com_content&view=article&id=6585&Itemid=128&gp=1

附錄二　中英名詞索引

六畫

七畫

八畫

九畫

十畫

十一畫

十二畫

十三畫

十四畫

十五畫

十六畫

十七畫

附錄三　英中名詞索引

國家圖書館出版品預行編目資料

生物學 / 張振華 編著. — 第四版. —
新北市 : 新文京開發, 2019.08
面 ; 公分

ISBN 978-986-430-521-6（平裝）

1.生命科學

360　　108011118

生物學（第四版）　（書號：**E362e4**）

編著者	張振華
出版者	新文京開發出版股份有限公司
地址	新北市中和區中山路二段 362 號 9 樓
電話	(02) 2244-8188（代表號）
FAX	(02) 2244-8189
郵撥	1958730-2
初版	西元 2010 年 08 月 31 日
第二版	西元 2013 年 07 月 15 日
第三版	西元 2017 年 09 月 15 日
第四版	西元 2019 年 08 月 15 日

建議售價：390 元
法律顧問：蕭雄淋律師
ISBN　978-986-430-521-6

New Wun Ching Developmental Publishing Co., Ltd.

New Age · New Choice · The Best Selected Educational Publications — NEW WCDP

新文京開發出版股份有限公司

新世紀 · 新視野 · 新文京 — 精選教科書 · 考試用書 · 專業參考書